Zauberhafte Mathematik

von Wolfgang Hund

Mathematische Zaubertricks, MatheMagie, Mathematische Spielereien, Paradoxa, Exquisite Denksportaufgaben für alle Jahrgangsstufen und Schularten

Zum Problemlösen, Verunsichern, Staunen, Motivieren, Knobeln, Ums Eck denken, Verzweifeln, Freuen, Lachen, Wundern

Cornelsen

◆ Inhaltsverzeichnis

	Seite	ab Klasse
Statt eines Vorwortes	3	
Der Steinzeitcomputer	4–6	3
Die Geheimzahl führt zu einem Tier	7–9	2
Kann man Würfelzahlen hören?	10–11	1
Zahlentelepathie (?)	12	1
Die Lieblingszahl	13	3
Die Zahl erraten	14–15	2
Das zauberhafte Maßband	16	3
Wer trifft die 100?	17	2
Das Super-Turbo-Zahlengedächtnis	18–19	3
Das Super-Turbo-GTI-Riesengedächtnis	20	3
Geometrische Paradoxa	21–24	1
Das Tangram-Paradox	25	3
Eine unmögliche Faltfigur	26–27	3
Eine Perle der MatheMagie	28–30	4
48 = 49!	31–32	5
Der Schnürsenkel des Riesen	33	3
Das iBDHH	34–35	3
Wer arbeitet überhaupt noch?	36	4
Gewusst wie! Lehrer sind findige Leute!	37	2
„Echte Telepathie" oder was?	38–39	3
Der Blitzrechner 1	40	3
Der Blitzrechner 2	41	3
Ist ja babyleicht!	42–44	3
Wer tüftelt sowas nur aus?!	45–46	2
Wer ist am schlausten? Lehrerinnen/Lehrer, Eltern oder Schülerinnen/Schüler?	47–48	3
Der mathemagische Röntgenblick	49	3
1 = 2!	50	7
Heute ist Zahltag	51–53	3
Testaufgaben für angehende Zaubermeister	54–56	4
Das Elefantengedächtnis	57	1
Ein Strich durch die Rechnung	58	3
Kannst du richtig zählen?	59	3
Es darf gedacht und gelacht werden!	60–61	2
Das mathematische Liebesorakel	62–64	4
Zauberhafte Würfel	65	2
Die zwingende Kraft der Mathematik	66	3
Wer kann bis 10 zählen?	67	2
Wer nimmt das letzte Streichholz?	68	1
Der Blitzrechner 3	69	3
Ermitteln des Geburtstages	70–71	4
Das Papierrennen	72	3
Haltet die Diebe!	73	2
Volltreffer!	74	2
Gedanken lesen	75	2
Welche Zahl ist am schwersten?	76	2
Geheimnisvolle Lebensdaten	77	3
Der Kreis schließt sich wieder	78	4
Mathematisches Gedankenlesen	79	3
Die „zauberhafte" Verpackung macht's	80	3

Statt eines Vorworts

Aus: Nürnberger Nachrichten BL Montag, 2. März 1998 / Seite 4

Expertentreffen untersuchte alarmierende Studie
Zu dumm für Mathe?
Falsche didaktische Aufbereitung kritisiert – Lehrer zu alt?

NÜRNBERGER – So aufgeschreckt waren die Bildungspolitiker schon lange nicht mehr. Auch bei der jüngsten internationalen Vergleichsuntersuchung „Timss III" belegten die deutschen Schüler, diesmal aus den 12. und 13. Klassen der gymnasialen Oberstufe, im Fach Mathematik nur einen deprimierenden 13. Platz. Schlimmer noch. In der höheren Mathematik landeten sie unter 24 anderen Nationen abgeschlagen auf dem drittletzten Rang. „Das heißt also, unser Prunkstück des Schulsystems, das Gymnasium, bringt auch keine guten Leistungen", folgerte Marianne Demmer, von der Gewerkschaft Erziehung und Wissenschaft (GEW) gegenüber unserer Redaktion aus dem Ergebnis.

So groß kann die Überraschung freilich nicht mehr gewesen sein. Bereits bei der Vorgängerstudie „Timss II" („Timss" steht für „Third International Mathematics and Science Study") hatten die deutschen Siebt- und Achtkläßler mittelmäßig aufgeschnitten. Das nun in Boston vorgestellte Ergebnis für die Sekundärstufe II sei nur „voll die Bestätigung" der Vorgängerstudie gewesen, erklärte nun auch der Berliner Bildungsforscher Olaf Koeller auf einer Konferenz in Nürnberg („Zu dumm, für Mathe?"), die der Bayerische Lehrer- und Lehrerinnen-Verband (BLLV) und der Verein „Floh Praktisches Lernen" veranstalteten.

„Dramatische Abstände"
Koeller, der am Max-Planck-Institut für Bildungsforschung arbeitet (das Timss für Deutschland auswertet), sprach dabei von „teilweise dramatischen Abständen", insbesondere zum Weltmarktkonkurrenten Japan. Der Leistungsrückstand deutscher Schüler beträgt demnach schon in der Sekundärstufe I zwei bis drei Jahre. Während Achtkläßler in Japan ein Niveau erreichen, wie es international nach neun oder neuneinhalb Jahren Durchschnitt ist, kommen die deutschen Schulkameraden nur auf einen Wert von sechs oder 6,5. Wie sich diese enormen Unterschiede erklären, dafür enthält auch die neue Timss-Studie klare Hinweise. Japans Schüler nehmen keineswegs anderen oder mehr mathematischen Stoff durch, dafür aber „denselben Stoff variationsreicher und mathematisch anspruchsvoller", so Koeller. In Deutschland kaut häufig noch der Lehrer die „richtige" Lösung den Kindern vor. In Japan dagegen dürfen die Schüler Lösungswege selbst suchen.

Oft über 50
Diese so diametral verschiedene Art der Vermittlung hängt offenbar auch mit dem Alter der Lehrer zusammen. Sie haben in Deutschland das höchste Durchschnittsalter. Über die Hälfte von ihnen war bereits über 50, während sie in Japan überwiegend zwischen 30 und 40 Jahre alt waren.

Hier schlägt also der praktizierte Einstellungsstopp durch, den die Kultusminister in praktisch allen Bundesländern seit Jahren verhängt haben. Mit der Schulform oder Klassengrößen haben die so unterschiedlichen Ergebnisse kaum etwas zu tun, was auch die Kultusminister aufmerksam registrierten. In einigen Ländern, die besser abschneiden als Deutschland, sind die Klassen sogar größer.

BLLV-Vize Ludwig Eckinger räumt inzwischen ein, daß auch die „Fixierung" auf die unterschiedlichen Schultypen falsch war. Das von seinem Verband bisher favorisierte dreigliedrige Schulsystem zeigte keine signifikant besseren Ergebnisse als die Gesamtschule. Das bestätigte auch Floh-Vorsitzender Hans-Hermann Dube. Zwar habe sein Heimatland Schleswig-Holstein mit der Gesamtschule „eher Schiffbruch erlitten". Beim Nachbarn in Dänemark aber funktioniere es prächtig. „Es kommt auf das entdeckende Lernen an, das ist entscheidend."

GEORG ESCHER

Genau **darum** geht es in diesem Buch!

Wobei man ergänzen muss:
Mathematik ist kein Selbstzweck, sondern Mittel zur Bewältigung von lebenspraktischen Situationen. Das Schulfach „Rechnen" beschränkt sich auch heute oft genug vorrangig auf das Erlernen von Fertigkeiten, garniert mit Grundsätzen des Operativen Prinzips, die der Lehrer in seiner Ausbildung zu beachten gelernt hat. Dies verhindert aber nicht, dass verkrustete, lebensfremde, nicht kindgemäße Elemente vielen Schülern das Fach und die Mathematik regelrecht verleiden.
Nachdenklich machen sollte eigentlich, dass viele Kinder und Jugendliche mit Begeisterung und erstaunlich viel Durchhaltevermögen Denksportaufgaben mathematischer Natur (die sie oft nur nicht erkennen!) angehen – eben weil diese nicht „verschult" sind.

Viele Zauberkunststücke enthalten eine mathematische Grundlage, die verdeckt ist. Aber auch reine Zahlenkunststücke führen immer wieder dazu, dass selbst demotivierte, „rechenschwache" Schüler auf einmal voll dabei sind, vor allem, wenn sie Erwachsene (aufgrund des ihnen bekannten „Tricks") rechnerisch besiegen können. Oft schon habe ich erlebt, dass es eher Schwierigkeiten bereitet, wieder aufzuhören, obwohl die Schüler rechnen (mündlich und schriftlich), ohne es überhaupt zu merken (ein gutes Beispiel dafür ist: „Wer trifft die 100?").
Die ästhetische Seite der Mathematik, der Spaß am Umgang mit Zahlen und Operationen (was ja nichts Unanständiges ist!), die Faszination im Entdecken von Gesetzmäßigkeiten u. Ä. kommt leider immer noch im Schulunterricht zu kurz.
Eine kleine Lücke soll hier geschlossen werden.

Hersbruck, im Oktober 1999

Alter/Jahrgangsstufe: Ab 3. Klasse

Mathematischer/schulischer Bezug: Addition von großen Zahlen; Suchen von Lösungsstrategien; „Zauberhafte Mathematik"; Spaß/Unterhaltung

◆ Der Steinzeitcomputer

Das geschieht

Ein Zuschauer erhält vier Stäbe, auf deren vier Seiten jeweils fünf Zahlen untereinander stehen. Er kann die Stäbe („Teile von einem Steinzeit-Computer") *in beliebiger Reihenfolge mit beliebigen Seiten* nebeneinander legen, sodass fünf vierstellige Zahlen (Tausender) entstehen. Es gibt offensichtlich viele verschiedene Möglichkeiten. Sofort kann der „Zauberer" das Ergebnis der Addition (die Summe) angeben, bevor der Zuschauer einen Taschenrechner überhaupt eingeschaltet oder mit der schriftlichen Addition begonnen hat.
Dies kann beliebig oft wiederholt werden.

Der Ablauf

▶ Die vier Stäbe müssen erst noch gebastelt werden. Am besten kopieren Sie die Vorlage auf dünnen Karton, schneiden die einzelnen Rechtecke aus, ritzen die gestrichelten Linien leicht mit einem Messer und kleben sie zu einer Quadratsäule zusammen.

▶ Lassen Sie die vier Stäbe mit den Zahlen untersuchen und erzählen Sie eine erfundene Geschichte von einem Steinzeitcomputer, von dem diese wichtigen Teile stammen.
Auch später im „alten Griechenland" wurde dieser tolle Rechenautomat schon verwendet, wie die beigefügte „Originalabbildung" von einem ganz alten griechischen Teller beweist (die Frau auf dem Hocker hält eindeutig einen dieser Apparate in der Hand).

▶ Ein Zuschauer darf nun die vier Stäbe in einer beliebigen Reihenfolge mit beliebigen Seiten nebeneinanderlegen, sodass sich fünf frei gewählte vierstellige Zahlen ergeben.

▶ Bitte weisen Sie auf die vielen Möglichkeiten hin, wie man die Stäbe verschieden legen kann.

▶ Gesucht ist nun die Summe der fünf Zahlen. Der Zuschauer kann mit Stift und Papier oder einem Taschenrechner beginnen – SIE aber können sofort das Ergebnis auf ein Blatt schreiben, das Sie aber noch nicht zeigen, sondern verdeckt auf den Tisch legen.

▶ Wenn der Zuschauer auch endlich fertig ist, soll er sein mühsam errechnetes Ergebnis nennen, und Sie drehen lächelnd Ihren Zettel um: Es stimmt!!!!

▶ Das kann sofort wiederholt werden (mehrmals!) – jedesmal ergibt sich eine andere Summe.

Das Geheimnis

▶ Sobald die Stäbe liegen, brauchen Sie *nur die mittlere Reihe* anzuschauen. Angenommen, sie heißt **9493**.

▶ Sie setzen jetzt nur eine **2** davor und ziehen diese **2** hinten ab.
Das heißt, Sie schreiben auf Ihren Zettel die Zahl **29491**.
Das ist das Ergebnis!

▶ Ein zweites Beispiel: Die mittlere Zahl heißt **5835**.
2 davor, 2 hinten weg: Das Ergebnis ergibt **25833**.

▶ Warum? Wenn Sie die mittlere Zahl mal außer Acht lassen und die anderen vier addieren, ergeben sich immer 2 mal 9999 ...; die Summe ist also immer die mittlere Zahl plus ...

2. Trick zum Steinzeitcomputer

Was geschieht?

Der „Zauberer" zeigt, dass er ein ganz unglaubliches Zahlengedächtnis hat.

Ablauf/Geheimnis

▶ Schneiden Sie die kleinen Zahlenreihen am Ende des nächsten Blattes aus (im ganzen Stück) und kleben Sie sie auf ein Stück festen Karton, ungefähr 11 cm mal 3 cm.

▶ Dieses Kartonstück stecken sie vor der Vorführung unter das Uhrenarmband (oder Sie befestigen es mit einem Gummiring am Handgelenk). Die Zuschauer sollen das natürlich nicht sehen!

▶ Übergeben Sie nun einem Zuschauer die vier Zahlenstäbe und lassen Sie ihn einen Stab auswählen, während Sie sich in eine Ecke des Zimmers stellen, mit dem Gesicht zur Wand.
Dort verschränken Sie die Arme, sodass Sie die Zahlenreihen gut ablesen können.

▶ Der Zuschauer soll Ihnen nun *die Quersumme* der mittleren Zahlenreihe des ausgewählten Stabes sagen.
Die Quersumme entsteht dadurch, dass man alle Zahlen zusammenzählt (addiert), bis nur noch eine einstellige Zahl übrigbleibt,
z. B.: 5 + 9 + 4 + 7 = 25; 2 + 5 = **7** (das ist die Quersumme!)
oder: 8 + 4 + 7 + 5 = 24; 2 + 4 = **6**

Sie sehen, dass die Quersumme immer anders ist und Sie deswegen sofort wissen, welcher Stab ausgewählt wurde. Die Quersumme steht abgekürzt über jeder Zahlenreihe (QS).

▶ **Jetzt können Sie ihr „Supergedächtnis" zeigen:**
Lesen Sie langsam, angestrengt und stockend entweder die waagerechten oder die senkrechten Zahlen ab. Beim Stab mit der Quersumme 7 sind das: 5 5 5 0 (der Zuschauer muss dabei den Stab drehen) oder senkrecht: 5 1 5 9 3 (das sind die Zahlen auf einer Stabseite).
Hier ist es wichtig, dass Sie wirklich so tun, als ob Sie sich ganz gewaltig anstrengen müssen. Merken Sie sich z. B. zwei oder drei Zahlen und schauen Sie dann angestrengt in die Luft, wenn Sie sie sagen.

▶ Das können Sie sofort mehrmals wiederholen. Hinterher sind Sie natürlich „fix und fertig"!

Kopiervorlage: Steinzeitcomputer

Klebefläche	7	2	3	6	Klebefläche	1	7	3	4
	4	3	5	6		2	1	9	7
	8	4	7	5		5	3	7	7
	3	8	1	3		6	3	1	6
	4	5	9	3		9	7	5	1
Klebefläche	5	5	5	0	Klebefläche	1	4	2	4
	1	8	6	5		9	3	9	8
	5	9	4	7		3	9	4	2
	9	2	1	4		5	4	4	5
	3	3	6	9		3	7	3	1

QS 7	**QS 6**	**QS 9**	**QS 4**
5550	7236	1424	1734
1865	4356	9398	2197
5947	8475	3942	5377
9214	3813	5445	6316
3369	4593	3731	9751

Alter/Jahrgangsstufe: Ab 2. Klasse bis Erwachsene

Mathematischer/schulischer Bezug: Staunen; Zählen bis 50; genaues Einhalten und Geben von Anweisungen; Herausarbeiten des mathematischen Hintergrundes (höhere Klassen)

◆ Die Geheimzahl führt zu einem Tier

Das geschieht

1. Ein Zuschauer *denkt* sich eine Zahl zwischen 10 und 50 und verrät sie niemandem (zur Sicherheit evtl. bei jüngeren Kindern notieren lassen).

2. Der „Zauberer" hält seine Hand über den Kopf des Zuschauers, während dieser ganz stark an die Zahl denkt (man tut so, als ob man die Gedanken erkennen könne).

3. Danach schreibt der „Zauberer" den Namen des Tieres auf (z. B. auf einen Zettel, der sichtbar aufbewahrt wird, auf die verdeckte Seitentafel, auf die unten abgedeckte Folie).

4. Nun beginnt der Zuschauer laut zu zählen. Bei jeder Zahl wird auf eines der Tiere gedeutet:
- Beginn bei 1 (Vogel),
- Laut zählen bis zum ersten Tier **im** Kreis (bei der ersten Kopiervorlage das Kamel, bei der zweiten der Fisch, immer die Nr. 5).
- Nun **gegen** den Uhrzeigersinn weiterzählen bis zur gemerkten Zahl.
  Ab jetzt immer im Kreis bleiben!
- Dieses Tier wird wieder zur Nummer 1.
- Nun wird **im** Uhrzeigersinn zurückgezählt, bis zur gemerkten Zahl.
  Wieder im Kreis bleiben!
- Dieses nun „völlig frei gewählte Tier" wird verglichen mit der Vorhersage: Es stimmt! (immer – deswegen nicht sofort wiederholen, sondern nach einer gewissen Zeit mit der zweiten Vorlage).

Ablauf

Mit einer OH-Folie oder (im kleinen Kreis) einem A4-Blatt durchführen. „Geheimnisvolles Drumherum" machen; nach der ersten Vorführung ist man (verständlicherweise) so erschöpft, dass man erst eine Pause braucht …

Lösung

Braucht es nicht, da alles automatisch abläuft, wenn man sich genau an die Anweisungen hält!

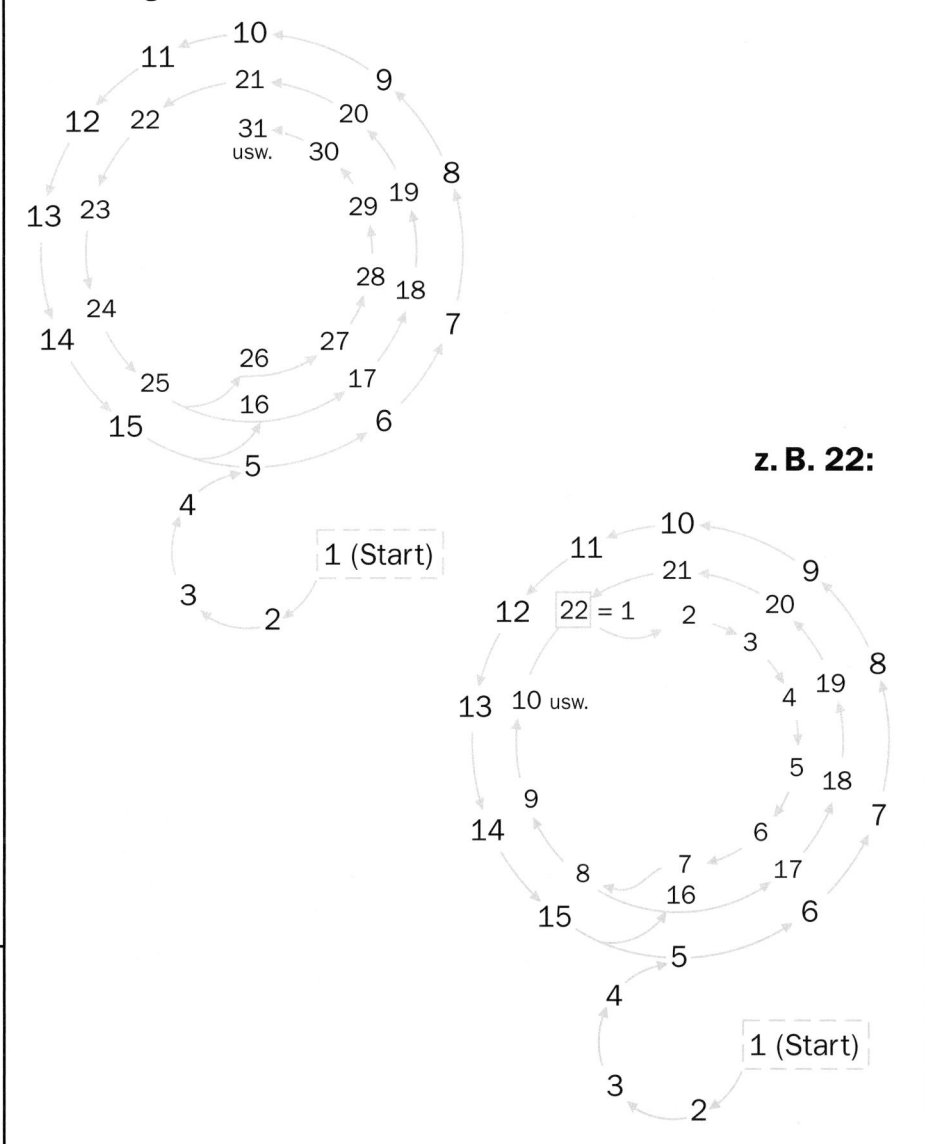

z. B. 22:

Kopiervorlage: Die Geheimzahl führt zu einem Tier

Du wirst mit deiner geheimen Zahl auf *dieses* Tier kommen:

_____

Kopiervorlage: Die Geheimzahl führt zu einem Tier

Du wirst mit deiner
geheimen Zahl auf
dieses Tier kommen:

_____

Alter/Jahrgangsstufe: Ab 1. Klasse

Mathematischer/schulischer Bezug: „Zauberhafte Mathematik"; Staunen; Lösungsstrategien entwickeln (Problemfragen finden; Hypothesen bilden; Lösungsplanungen erstellen; Verifizieren/Falsifizieren; Erkenntnisse verbalisieren ...); Aufbau/Verstärkung eines pädagogischen Bezugs zu „schwierigen" Schülern

◆ Kann man Würfelzahlen hören?

Das geschieht

Der Lehrer (oder auch ein Schüler) sitzt unter einem Tisch und lauscht. Aufgrund seines ganz besonders gut ausgebildeten „mathematischen Gehörs" kann er eine über ihm auf der Tischplatte erwürfelte Zahl herausfinden.

Wenn sie die o. a. bildungsträchtigen Bezüge lesen, können Sie unschwer erkennen, dass es sich bei diesem „Lerninhalt" um eine ganz besondere pädagogische Perle handelt.
Ich hoffe, Sie sind nicht enttäuscht!

Ablauf

▶ Putzen Sie sich mit einem Wattestäbchen die Ohren.

▶ Lassen Sie mit einem Würfel (es geht sogar mit einem aus Moosgummi) probehalber etliche Male auf einem Tisch würfeln, um Ihr Gehör „zu eichen".

▶ Setzen Sie sich unter den Tisch und lassen Sie über Ihnen würfeln. Nach kurzem Lauschen können Sie die oben liegende Würfelpunkte angeben.

Lösung

Sie glauben, das nicht einmal mit einem der modernen Hörgeräte zu schaffen?
Da haben Sie Recht!
Ein ganz kleiner, klitzekleiner „Trick" ist tatsächlich dabei:
Sie haben vorher einen der Schüler eingeweiht!
Dieser geheime Helfer stellt sich in die vordere Reihe und wippt so oft unauffällig mit der Fußspitze, wie die oben liegende Zahl ihm vorgibt.

Jetzt sind sie aber enttäuscht – oder? Unterschätzen Sie die Wirkung nicht – die ist (bei richtiger, suggestiver Darbietung) eine ungeheure!
Die Achtung, die die Schüler vor Ihnen haben, wächst enorm!

Es schadet gar nichts, wenn sich Ihr Helfer etwas Zeit lässt: Schließlich müssen Sie „dem Echo erst nachhorchen ..." (so ruhig haben Sie die Schüler noch nie erlebt!).

Damit Sie das aus dem Stegreif vorführen können, finden Sie auf der nächsten Seite eine Kopiervorlage mit Anweisung. Diese können Sie ganz unauffällig rechtzeitig vorher übergeben.

Kopiervorlage: Kann man Würfelzahlen hören?

Ich brauche später beim Vorführen eines Zaubertricks deine Hilfe!

*Ich lege einen Würfel auf den Tisch.
Dann behaupte ich, dass ich **hören** kann, welche Zahl beim Würfeln oben liegt!
Um das zu beweisen, setze ich mich unter den Tisch.
Ein anderer Schüler soll dann würfeln.*

Jetzt kommst du:

*Sobald der Würfel ruhig liegt, bewegst du die **Fußspitze** des rechten Fußes ein wenig **auf und ab.** So oft, wie die Punktzahl des Würfels ist.
Du brauchst nicht ganz vorne zu stehen, aber so, dass ich deine Beine sehen kann.
Mache das aber nicht zu auffällig und klopfe vor allem nicht auf den Boden. Also nicht so, dass man etwas hört.
Es genügt, wenn du langsam die Fußspitze hoch nimmst.
Du kannst das bis zur Vorführung noch ein bisschen üben (auch im Sitzen).*

Danke für deine Hilfe!

Alter/Jahrgangsstufe: Ab 1. Klasse

Mathematischer/schulischer Bezug: „Zauberhafte Mathematik"; Spaß/Unterhaltung; „Mathematik mit allen Sinnen" (sogar mit dem 6. Sinn?!); Entwickeln von Lösungsstrategien; Aufbau/Verstärkung eines pädagogischen Bezugs

◆ Zahlentelepathie(?)

Das geschieht

Ein Schüler verlässt den Raum. Die anderen verständigen sich auf eine zweistellige Zahl. Der Schüler wird wieder hereingerufen und kann „telepathisch" die im Raum mental schwebende Zahl aufschreiben! (Selbstverständlich kann man sogar das Ergebnis einer Rechnung übertragen!)

Ablauf

Wie links beschrieben:

▶ Ein Schüler (von Ihnen bestimmt) verlässt das Zimmer.

▶ Die übrigen sollen frei eine zweistellige Zahl wählen (evtl. mit zwei 10er-Würfeln erwürfeln).

▶ Sie legen ein Blatt Papier und einen Stift auf eine Bank.

▶ Der „Supermentalist" wird hereingerufen, setzt sich an den Tisch, konzentriert sich und schreibt die nur gedachte Zahl auf. Whow!

▶ Die (von allen gewünschte) sofortige Wiederholung gelingt wieder.

Lösung

Wieder einmal: Ein geheimer Mitwisser ist im Spiel.
Gut geeignet dafür sind Schüler, zu denen Sie bislang ein etwas gestörtes pädagogisches Verhältnis hatten. Ein gemeinsames Geheimnis verbindet ungemein – vor allem, wenn man es hinterher nicht verrät!

Zur Vorbereitung:
Schon rechtzeitig vor der Vorführung nehmen Sie den „telepathisch begabten" Schüler auf die Seite (so, dass die anderen das nicht mitbekommen).

▶ Legen Sie ein Blatt A4 quer vor sich.

▶ Teilen Sie es durch Falten in zwei Hälften waagerecht.

▶ In die obere Hälfte schreiben Sie in großen Zahlen 1 2 3 4 5, in die untere 6 7 8 9 10 (3 bzw. 8 in der Mitte).

▶ Diese Einteilung soll sich der Schüler gut einprägen, sodass er auch ohne die geschriebenen Zahlen (also auf einem leeren Blatt) noch weiß, wo sich z. B. die 5, die 3, die 7 usw. befinden.

▶ Diese Zahlen bilden die Einerstelle.

▶ Die Zehnerstelle wird durch den auf die gewählte Einerstellenzahl gelegten Stift signalisiert. Und zwar so, wie der Stundenzeiger auf der Uhr dies angibt. Die Spitze des Stiftes ist dabei auf die jeweilige Stundenzahl gerichtet.

Beispiele:
(siehe links)

36:

1 2 3 4 5

✒ 7 8 9 10

72:

1 ✒ 3 4 5

6 7 8 9 10

Alter/Jahrgangsstufe: Ab 3. Klasse (dort mit dem Taschenrechner)

Mathematischer/schulischer Bezug: Schriftliche Multiplikation mit großen Zahlen; Rechnen mit dem Taschenrechner; allgemeine mathematische Motivation („zauberhafte Zahlen"); Unterhaltung (z. B. bei einem Schul-/Klassenfest)

◆ Die Lieblingszahl

Das geschieht

- An die Tafel wird die Zahlenfolge 12345679 (also ohne die 8!) geschrieben.
- Ein Zuschauer wählt frei seine Lieblingszahl zwischen 1 und 9.
- Der „Zauberer" gibt nun eine zweistellige Zahl an, mit der die o. a. Zahlenreihe multipliziert wird (vom Zuschauer natürlich).
- Das Ergebnis (das Produkt) besteht aus lauter „Lieblingszahlen" des Zuschauers!

Ablauf

Viele Kinder lieben reine Zahlenkunststücke, die auch ohne fantasievolle, erzählerische Einkleidung erstaunlich wirken. Ein wenig bekanntes Beispiel (das noch dazu sofort mit anderem Ergebnis wiederholt werden kann):

Beispiele:

Lieblingszahl 4
Multiplikation mit $4 \times 9 = 36$

$$12345679 \times 36$$
$$\overline{37037037}$$
$$74074074$$
$$\overline{444444444}$$

Lieblingszahl 2
Multiplikation mit $2 \times 9 = 18$

$$12345679 \times 18$$
$$\overline{222222222}$$

Lieblingszahl 5
Multiplikation mit $5 \times 9 = 45$

$$12345679 \times 45$$
$$\overline{555555555}$$

Lösung

- Wie oben geschildert: Zahlenreihe anschreiben, Lieblingszahl nennen lassen
- Multiplikation mit: Lieblingszahl mal 9 (das ist wirklich alles!)

Alter/Jahrgangsstufe: Ab 2. Klasse

Mathematischer/schulischer Bezug: Alle vier Grundrechenarten; „Zauberhafte Mathematik"; Suchen von Termen

◆ Eine Zahl erraten

Das geschieht

Man könnte ein ganzes dickes Buch füllen mit Kunststücken der folgenden Art. Gemeinsam ist immer, dass ein Zuschauer eine beliebige Ausgangszahl wählt und anschließend verschiedene Rechenoperationen nach Angabe des Vorführenden durchführen muss.
Er landet schließlich bei einem Ergebnis, das der MatheMagier schon laaaaaange vorher gewusst hat oder schnell ausrechnet. Die dahinterstehende Lösung ist mehr oder weniger versteckt.
Um den doch etwas nüchternen Ablauf einzukleiden, sollte man die Bekanntgabe des Ergebnisses „zauberhaft" gestalten.

Zum Beispiel könnte ein Zettel mit der Ergebniszahl in einem aufgeblasenen Luftballon stecken, der schon die ganze Zeit von der Zimmerdecke hängt und am Schluss zerplatzt wird.
Oder das Ergebnis steht auf der Rückseite der Seitentafel.
Oder Sie lesen das Ergebnis aus dem Kopf des rechnenden Schülers, indem Sie ihn mit aufgelegten Händen „mental anzapfen".
Oder Sie verwenden ein Glas Wasser/ eine Wahrsagerkugel/eine Handpuppe ...

Die Kunststücke selbst sind hier nur in Kurzform angegeben. Manchmal empfiehlt es sich, einen Taschenrechner zuzulassen. Um hinter das jeweilige Geheimnis zu kommen, muss meist nur ein einfacher Term aufgestellt werden.

Ablauf

Beispiele:

Beispiel 1:
x (ein- oder zweistellig)
Mal 4
Mal 16
Geteilt durch x
Ergebnis: Immer 64! (ist ja auch logisch!?)

Beispiel 2:
x (beliebig)
Minus 1
Mal 2
Plus x
Ergebnis nennen lassen

SIE rechnen:
Plus 2
Geteilt durch 3
Das ist x!

Beispiel 3:
x (beliebig)
Mal 4
Minus 3
Mal 6
Plus x
Plus 60
Mal 4
Plus 2
Minus eine beliebige Zahl zwischen 1 und 50
Ergebnis nennen lassen

SIE rechnen:
Vom Ergebnis Zehner und Einer streichen
Vom Hunderter 1 subtrahieren
Das ist x!

Beispiel 4:
Mehrere (einstellige) Zahlen aufschreiben lassen (eigentlich beliebig viele):
a, b, c, d, e, ...
a mal 2
Plus 5
Mal 5
Plus 10
Plus b
Mal 10

Eine Zahl erraten (Fortsetzung)

Plus c
Mal 10
Plus d
Mal 10
Plus e (die letzte Zahl wird also nur noch addiert, nicht mehr mit 10 multipliziert)
Endergebnis nennen lassen

SIE rechnen:
Je nachdem, wie viele Zahlen gewählt wurden, werden vom Endergebnis abgezogen:
35 bei zwei Zahlen
350 bei drei
3500 bei vier
35 000 bei fünf (wie in diesem Fall usw.)
Diese Zahl gibt von links nach rechts die eingangs gewählten Zahlen an!
Beispiel:
Gewählt wurden 1, 2, 3, 4, 5
```
 1 mal 2 =      2
   Plus 5 =      7
    Mal 5 =     35
 Plus 10 =     45
   Plus 2 =     47
   Mal 10 =    470
   Plus 3 =    473
   Mal 10 =   4 730
   Plus 4 =   4 734
   Mal 10 =  47 340
   Plus 5 =  47 345   (wird angesagt)
```

SIE rechnen:
47 345 minus 35 000 = 12 345

Beispiel 5:
x
Mal 2
Plus 4
Mal 5
Plus 12
Mal 10
Minus 320
Ergebnis nennen

SIE rechnen:
Zehner- und Einerstelle streichen; übrig bleibt x

Beispiel 6:
x
Mal 4
Geteilt durch 2
Mal 7
Ergebnis nennen

SIE rechnen:
Ergebnis geteilt durch 14 = x

Beispiel 7:
x (von 1–9)
Mal 6
Geteilt durch 2
Mal 3
Ergebnis nennen

SIE rechnen:
Ergebnis geteilt durch 9 = x

Beispiel 8:
x (zweistellige Zahl)
Mal 2
Plus 5
Mal 5
Plus 3
Mal 10
Plus 3
Minus 150
Ergebnis nennen

SIE rechnen:
Zehner- und Einerstelle wegstreichen
Von der übriggebliebenen Zahl 1 abziehen = x

Beispiel 9:
x (beliebig)
Mal 50
Plus 72
Minus 111
Plus 39
Geteilt durch 10
Ergebnis nennen

SIE rechnen:
Ergebnis geteilt durch 5 = x

usw. usw. usw. usw. usw. usw…

Alter/Jahrgangsstufe: Ab 3. Klasse

Mathematischer/schulischer Bezug: Mündliche und schriftliche Addition mit dreistelligen Zahlen; „Zaubern" mit Alltagsgegenständen; Mathematisieren der Umwelt (Entdecken von Gesetzmäßigkeiten)

◆ Das zauberhafte Maßband

Das geschieht

einfachste Ausführung:

▶ Ein Zuschauer nimmt ein Maßband und eine Büroklammer; er steckt diese an irgendeiner Stelle auf das Band.

▶ Der „Zauberer" kann sofort angeben, wie groß die Summe der beiden markierten Zahlen ist (Vorder-/Rückseite, nämlich 151).

raffiniertere Methoden:

▶ Ein Zuschauer wählt aus z. B. fünf auf dem Tisch liegenden Maßbändern beliebig viele aus, die er in die Hand nimmt.

▶ Ebenso kann er (z. B.) aus zehn Büroklammern auswählen und wiederum beliebig viele an beliebigen Stellen auf die Maßbänder stecken.

▶ Unter gewaltiger Anstrengung kann der „Zauberer" die gesamte Summe aller markierten Zahlen (Vorder- und Rückseite der Bänder) nennen!

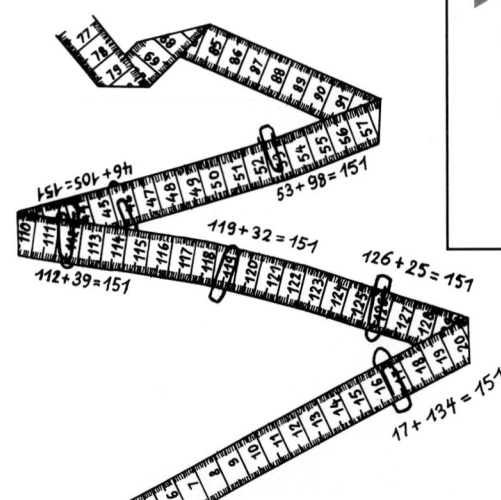

Ablauf

„Zaubern" kann man auch mit Alltagsgegenständen, ohne jegliche Präparation, ohne Vorbereitung, „aus dem Stegreif", ohne Übungszeiten und ohne fingerbrecherische Übungen.

Derartige Kunststücke sind besonders wertvoll dann, wenn die Schüler sie zu Hause zum Erstaunen der Familie vorführen können und gleichzeitig unbemerkt „schulisch lernen" (d. h. Lehrplanziele üben). Da wohl in jedem Haushalt ein Maßband (oder noch besser mehrere) zu finden ist...

Lösung

▶ Wie oben bereits erwähnt, ergibt die Summe der markierten Zahlen auf der Vorder- und Rückseite immer 151.

Der Rest ist reiner „Verkauf", d. h. es kommt auf die Darbietung an!

Stellen Sie sich z. B. vor, dass beim Elternabend (oder auch bei Ihrer Vorführung vor der Klasse) ein geheimer Helfer im Publikum dem Vorführenden auf einfache Weise signalisiert, wie viele Büroklammern genommen wurden! (z. B. mit den Fingern; die Zahl der Maßbänder ist unwichtig und braucht deshalb nicht gewusst zu werden).

Dann können sogar alle Bänder und Klammern vom Tisch weggeräumt werden und trotzdem...!

▶ Beispiel: Es werden drei Bänder (von fünf) und sieben (von 10) Büroklammern genommen.
Der „Zauberer" rechnet dann: sieben mal 151 = 1057

▶ Man kann es nach Belieben noch schwieriger machen:
  ▶ Maßbänder verschiedener Farben (beim roten nur zwei Klammern aufstecken, beim blauen drei...)
  ▶ Der geheime Helfer signalisiert zunächst, wie viele Klammern beim ersten Band, dann beim zweiten... aufgesteckt sind (am besten ist, Sie verlassen beim Aufstecken den Raum, damit alle Zuschauer und damit auch Ihr Helfer! erkennen können...)

Alter/Jahrgangsstufe: Ab 2. Klasse bis Erwachsene

Mathematischer/schulischer Bezug: Addition im Zahlenraum bis 100; Kopfrechnen; Rechenfertigkeit; Herausfinden der mathematischen Hintergründe (höhere Klassen und Erwachsene)

◆ Wer trifft die 100?

Das geschieht

Die ganze Klasse/Gruppe oder ein Einzelschüler rechnet gegen den Lehrer mit scheinbar sehr leichten Additionsaufgaben. Der Lehrer (oder derjenige, der weiß, wie es geht) gewinnt immer!

Beispiel:

Ausgangszahl 9 (es ist egal, wer anfängt)

Schüler (S): 9 + 8 = 17
(immer so sprechen lassen)
Lehrer: 17 + 6 = 23
(Hurra! Schon gewonnen!)
S: 23 + 5 = 28
L: 28 + 6 = 34
S: 34 + 1 = 35
L: 25 + 10 = 45
S: 45 + 7 = 52
L: 52 + 4 = 56
S: 56 + 3 = 59
L: 59 + 8 = 67
S: 67 + 2 = 69
L: 69 + 9 = 78
S: 78 + 8 = 86
L: 86 + 3 = 89
S: (verzweifelt)   89 + 4 = 93
L: (triumphierend) 93 + 7 = 100!!!

Variante:
▶ Zielzahl: 31
▶ Addiert werden Zahlen zwischen 1 und einschließlich 6
▶ Schlüsselzahlen jetzt: 3, 10, 17, 24 (Steigerung jeweils um 7)
Wenn Sie beginnen dürfen (lassen Sie die Wahl), können Sie gleich mit der 3 beginnen und haben schon gewonnen!

Ablauf

Hierbei handelt es sich um eines meiner Lieblingskunststücke. Zum einen ist es aus dem Stegreif heraus ohne jegliche Vorbereitung durchzuführen, zum anderen rechnen Schüler (und Erwachsene!) wie die Wilden, ohne es überhaupt zu merken!

Hier ist es auch angebracht, nach einiger Zeit den „Trick" zu erklären, weil dann z. B. zu Hause, auf dem Pausenhof oder in der Disco stolz das Kunststück vorgeführt wird, wieder mit dem o. a. Effekt.

Vor allem für (angeblich oder wirklich) mathematisch schwächere oder desinteressierte Schüler wird dadurch eine beachtliche motivierende Wirkung erzielt (aufgrund des Erfolgserlebnisses).

Ein Schüler nennt eine Ausgangszahl im Bereich zwischen 1 und 10. Danach addieren Lehrer und Schüler abwechselnd Zahlen zwischen 1 und einschließlich 10.
Wer genau die 100 trifft, gewinnt!

Lösung

Man verliert niemals, wenn man bestimmte *Schlüsselzahlen* beim Addieren erreicht.
Diese sind (freundlicherweise?) so gewählt, dass man sie leicht im Kopf behalten kann:

12   23   34   45   56   67   78   89

(erkennen Sie die Zahlenfolge 123456789?)

Sie müssen nun – früher oder später – nichts anderes tun, als eine dieser Zahlen zu erreichen.

Am Anfang (vor allem bei älteren Schülern und Erwachsenen) eilt es überhaupt nicht. Sie können lange warten und z. B. erst bei 45 oder 56 auf eine Ihrer Zahlen gehen (wenn Sie das nervlich durchhalten).

Beobachten Sie Ihr Publikum: Wenn es Ihnen zu heiß wird (weil vielleicht einer mitschreibt oder das Geheimnis ahnt – ist mir aber noch nie passiert, nicht einmal bei Lehrern!), können Sie bereits bei 23 oder gar mit 12 das Turnier für sich entscheiden.

Siehe das Beispiel links!

Alter/Jahrgangsstufe: Ab 3. Klasse

Mathematischer/schulischer Bezug: „Zauberhafte Mathematik"; große Zahlenbereiche; Konzentration; einfache Operationen; Steigerung des Selbstbewusstseins; allgemeine Rechenmotivation

◆ Das Super-Turbo-Zahlengedächtnis

Das geschieht

Aus 50 Karten wählt ein Zuschauer eine völlig frei aus.
Der Vorführende kann die darauf stehende lange Zahl (bis zu 8 Ziffern) angeben!

Ablauf

Es gibt mehrere Methoden, die Illusion eines „Riesengedächtnisses" zu erzeugen. Neben der wirklichen Mnemotechnik (die auch in der Schule mehr Beachtung verdienen würde!) gibt es einfachere Möglichkeiten. Eine davon, die auch Erwachsene verblüfft, ist die folgende.

▶ Auf der nächsten Seite finden Sie die Kopiervorlage für die 50 Karten. Auf jeder befindet sich zum einen eine Kennzeichnung (bestehend meist aus Buchstabe und Zahl), zum anderen die zu reproduzierende Riesenzahl.

▶ Zerschneiden Sie das Blatt, sodass Sie 50 Zettel erhalten, die sie umdrehen und durchmischen lassen können.

▶ Ein Schüler zieht nun – völlig frei – eine Karte und gibt nur die Kennzeichnung an (z. B. E4).

▶ Sofort können Sie die darauf stehende Riesenzahl nennen: 10128224 – einzeln, Ziffer für Ziffer (also nicht: „Zehn Millionen Einhundertachtund...").

▶ Dies ist beliebig wiederholbar! Auch Schüler ab der 3. Klasse (evtl. sogar aus der 2.) können dies nach einiger Übung (denken Sie an das nächste Schulfest!).

Lösung

Wie Sie sich sicher schon gedacht haben, ist die Kennzeichnung der einzelnen Karten nicht beliebig. In der Tat steckt darin die Verschlüsselung für die lange Zahl.
Merken Sie sich zunächst, dass die Buchstaben A = 20, B = 30, C = 40, D = 50 und E = 60 bedeuten.

Die hinter dem Buchstaben stehende Zahl ist die Einerstelle. So bedeutet also A1 = 21, C4 = 44, E5 = 65

Nach bestimmten Regeln wird daraus die lange Zahl gebildet:
a) Die beiden Ziffern werden addiert.
b) Die aus den beiden Ziffern gebildete Zahl wird mit 2 multipliziert, also verdoppelt.
c) Die kleinere Ziffer wird von der größeren subtrahiert.
d) Beide Ziffern werden miteinander multipliziert.
e) Alle Ergebnisse werden hintereinandergeschrieben und einzeln Ziffer für Ziffer genannt (mit entsprechender „mentaler Kraftanstrengung").

Selbstverständlich ist das (fast beliebig!) zu erweitern: Denken Sie nur mal, dass Sie zwischen b) und c) erst noch mit 3, mit 4, mit 5 usw. multiplizieren.

Siehe das Beispiel links!

Kurz also so:

$$+, \times 2, -, \times$$

Beispiel:

D3 bedeutet die Zahl 53.
a) 5 + 3 = 8
b) 53 · 2 = 106
c) 5 − 3 = 2
d) 5 · 3 = 15
e) Die lange Zahl lautet 8106215.

Kopiervorlage: Das Super-Turbo-Zahlengedächtnis

A 24 020	B 36 030	C 48 040	D 510 050	E 612 060
A1 34 212	B1 46 223	C1 58 234	D1 610 245	E1 712 256
A2 44 404	B2 56 416	C2 68 428	D2 7 104 310	E2 8 124 412
A3 54 616	B3 66 609	C3 786 112	D3 8 106 215	E3 9 126 318
A4 64 828	B4 768 112	C4 888 016	D4 9 108 120	E4 10 128 224
A5 750 310	B5 870 215	C5 990 120	D5 10 110 025	E5 11 130 130
A6 852 412	B6 972 318	C6 1 092 224	D6 11 112 130	E6 12 132 036
A7 954 514	B7 1 074 421	C7 1 194 328	D7 12 114 235	E7 13 134 142
A8 1 056 616	B8 1 176 524	C8 1 296 432	D8 13 116 340	E8 14 136 248
A9 1 158 718	B9 1 278 627	C9 1 398 536	D9 14 118 445	E9 15 138 354

Alter/Jahrgangsstufe: Ab 3. Klasse
Mathematischer/schulischer Bezug: Staunen; Zahlenraum über 100 000; einfache Terme; Selbstbewusstsein

Das Super-Turbo-GTI-Riesengedächtnis

Das geschieht

Was Sie nun erfahren, erscheint Ihnen absolut unmöglich, und doch ist es ohne Schwierigkeiten realisierbar.
Aus einer Sammlung von 10, 20, 30, 40 ... 100 Kärtchen mit Vornamen (männlich und weiblich) wählen die Schüler einige aus.
Auf jedem Kärtchen steht auf der Rückseite eine Zahlenreihe, bis zu 13 Zahlen in „bunter" Reihenfolge.
Sobald der Name genannt wird, kann der Lehrer die entsprechende Zahlenreihe auswendig (!!!) hersagen.

Geheimnis/Lösung

Stellen Sie sich die Vokale in folgender allgemein üblicher Reihenfolge vor:
a = 1   e = 2   i = 3   o = 4   u = 5

Nehmen Sie nun einen beliebigen Vornamen, der mindestens zwei Vokale besitzt, angenommen MONIKA:
Die ersten beiden Vokale (und nur um die geht es) sind o = 4 und i = 3
Den ersten Vokal merken Sie sich mit der linken Hand, indem Sie vier (4) Finger abspreizen (unauffällig natürlich), den zweiten Vokal „speichern" sie in der rechten Hand mit drei (3) Fingern.

Und jetzt geht es los:
Stellen Sie sich folgende „Formelsammlung" vor (sie ist leichter merkbar, als es zunächst scheint):
$(x + y)$ $(x - y)$ x^2 y^2 x y $(x \text{ mal } y)$
Das wäre es! Wenn Sie sich nun als „x" den ersten Vokal (o = 4), als „y" den zweiten (i = 3) denken, ergibt sich für **„MONIKA"** die Zahlenreihe:
7 (4 + 3) **1** (4 – 3) **16** (4^2) **9** (3^2) **4** (4) **3** (3) **12** (4 mal 3)
711694312

Für **THILO**:   i = 3   o = 4
$(x + y) = 3 + 4 = \mathbf{7}$
$(x - y)$ wäre 3 – 4: Setzen Sie in Gedanken eine 10 vor die 3, wenn x kleiner als y ist, also 13 – 4 = **9**
$x^2 = \mathbf{9}$, $y^2 = \mathbf{16}$, $x = \mathbf{3}$, $y = \mathbf{4}$
x mal y = 3 mal 4 = **12**, also insgesamt: **799163412**

Das erschlägt selbst Erwachsene!
Probieren Sie es gleich aus, sonst glauben Sie es nicht!
Hier weitere Namen, damit Sie nicht zu viel tun müssen (das ist ein Service: mich hat das Stunden gekostet!):

Dieter 5194326	Paul 66125155	Linus 889253515
Ute 732545210	Wolfgang 53161414	Berthold 68416248
Heidi 5949236	Fabian 4819133	Uwe 732545210
Volker 62164428	Rudi 822595315	Jochen 62164428
Gerhard 3141212	Anne 3914122	Manfred 3914122
Lothar 53161414	Gabi 4819133	Axel 3914122
Helga 3141212	Christian 6099339	Susanne 64251515
Christa 4291313	Klaus 66125155	Edgar 3141212
Ursula 10025255525	Karin 4819133	Wilfried 6099339
Helmut 77425210	Roland 53161414	...

Sie sehen, dass natürlich Vornamen, die dieselben Vokale in derselben Reihenfolge haben, auch die gleichen Zahlenreihen erhalten. Wenn Sie dabei ein ungutes Gefühl bekommen, suchen Sie andere.
Und jetzt gehen Sie gleich ran und versetzen Ihren Ehe- oder sonstigen Partner in ehrfürchtiges Staunen.

Alter/Jahrgangsstufe: Ab 1. Klasse bis zu überreifen Erwachsenen

Mathematischer/schulischer Bezug: Geometrische Paradoxa; Entwickeln von Lösungsstrategien aller Abstraktionsstufen; hartnäckiges Nachfragen; Verbalisieren, Verifizieren und Falsifizieren von eigenen und fremden Hypothesen; Erarbeiten von Beweisen (auch für jüngere Kinder, ab 3. Klasse); logisches Denken; Ausdauer beim Knobeln

◆ Geometrische Paradoxa

Das geschieht

Die Schüler erhalten eine Kopiervorlage (am Anfang am besten die Hasen), führen die darauf enthaltenen Arbeitsanweisungen durch und ... (das weitere ergibt sich von selbst)

Aufgabe des Lehrers ist es dabei vor allem, immer wieder auf logische Denkfehler, auf vorschnelle Scheinlösungen usw. hinzuweisen und sich nicht zufrieden zu geben.

Bewährt hat es sich, verbal in die Irre zu führen: „Hier sind es 16 ganze Hasen. Jeder Hase hat das, was ein Hase so haben soll: Ohren, Mund, Pfoten, Körper usw."
Jetzt – nachdem ich die Teile vertauscht habe, sind es nur noch 15 Hasen! Jeder sieht ein bisschen anders aus (ist ja klar) ... 16 ganze Hasen minus 15 ganze Hasen ist ein ganzer Hase. Wohin ist der gegangen? Was macht er dort? Wann kommt er wieder? Und warum und was überhaupt?"

Selbstverständlich wird man das „Wunder" nicht einfach so (z. B. als Folie) auflegen und nüchtern präsentieren.

Eine umrahmende Geschichte kleidet das Verschwinden ein und lenkt gleichzeitig vom mathematischen Hintergrund ab (dies sollen die Schüler übernehmen, wenn Sie den Effekt zu Hause vorführen): „16 Hasen – treffen sich einmal im Jahr in ... – neidischer Zauberer – böse – zaubert einen weg – nur noch 15 Hasen – überlegen sich etwas – finden eine Lösung, nämlich ... – auf einmal – verschwunden – wieder zurück – fröhlich ..."

Die Zeichnungen können (vorsichtig) farbig gestaltet werden. Aber vorher überlegen, wie auch nach dem Umlegen eine Einheitlichkeit erhalten bleibt.

Ablauf

Auf den nächsten Seiten finden Sie drei Kopiervorlagen, die lange Zeit intensivste gedankliche Beschäftigung garantieren – bei allen Altersstufen! Martin Gardner („Mathematik und Magie", Köln 1981) hat diese Art von Paradoxa so richtig bekannt gemacht. Seither sind sie heißer Diskussionsstoff bei vielen Schüler- und Lehrergruppen gewesen – mit unterschiedlichem Ergebnis.

Lösung

Sie finden die mathematische Lösung in entsprechender Literatur unter „Geometrischem Verschwinden", unter „Geometrische Paradoxa" oder unter dem „Prinzip des unbemerkten Aufteilens".
Inzwischen gibt es viele verschiedene Zeichnungen, die aber alle nach dem gleichen Prinzip gestaltet sind: Eine Figur wird zerschnitten und neu angeordnet. Ein Teil davon verschwindet dabei anscheinend spurlos.
Bringt man die Teile zurück in die ursprüngliche Position, ist der Anfangszustand wieder hergestellt.
Leider haben auch einige Kinderzeitschriften diesen Effekt gestaltet, und zwar so, dass das „Geheimnis" sehr offensichtlich ist.
Auch die runde Darstellung sowie das Vertauschen Bierglas – Gesicht beruht darauf. Hier ist die grafische Darstellung lediglich raffinierter.

Ein kleiner Hinweis:

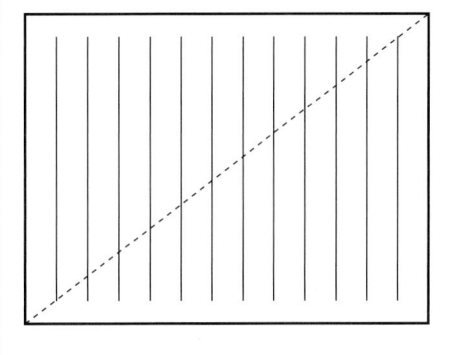

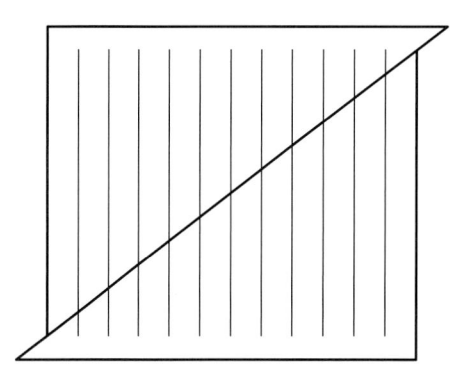

Kopiervorlage: Geometrische Paradoxa: Der verschwundene Hase

Der verschwundene Hase

Das gibt's doch nicht!
Zählen Sie die Hasen bei a). Es sind 16 Stück.
Zerschneiden Sie vorsichtig entlang der Mittellinie und an der senkrechten kurzen Linie.

Vertauschen Sie die beiden oberen Teile und zählen Sie erneut bei b).
Es sind 15 Hasen.

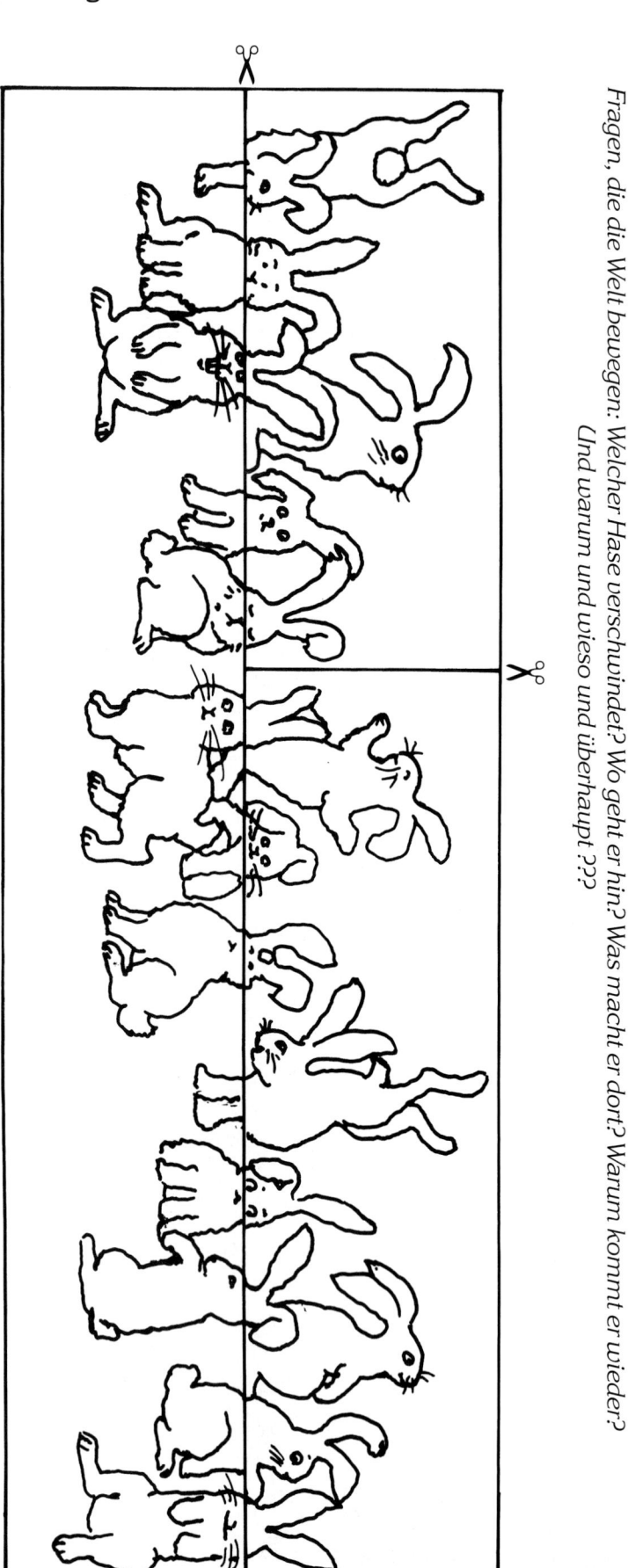

a)

b)

16 ! 15

Fragen, die die Welt bewegen: Welcher Hase verschwindet? Wo geht er hin? Was macht er dort? Warum kommt er wieder?
Und warum und wieso und überhaupt ???

Kopiervorlage: Geometrische Paradoxa: Das gibt's doch nicht!

Das gibt's doch nicht!

Zählen Sie die ballspielenden Jungen in der linken Abbildung: 13.
Schneiden Sie den inneren Kreis sorgfältig aus und drehen Sie ihn um einen Jungen gegen den Uhrzeigersinn.
Zählen Sie jetzt: 12!
Welcher Junge verschwindet? Wo geht er hin? Was macht er dort? Wann und warum kommt er wieder?

Kopiervorlage: Geometrische Paradoxa: Das gibt's doch gar nicht!

Das gibt's doch gar nicht

Zähle die Männer! Es sind ….

Zähle die Biergläser! Es sind ….

Schneide nun **sorgfältig** in der Mitte waagerecht durch.
Danach schneidest du das obere Teil in zwei Teile (1 und 2);
das kleine Stück links außen kannst du wegwerfen.
Lasse das untere Teil (3) liegen und vertausche die oberen, sodass Teil 2 jetzt links, Teil 1 rechts liegt.
Zähle nun wieder!

Es sind … Männer   und … Biergläser ???

Alter/Jahrgangsstufe: Ab 3. Klasse

Mathematischer/schulischer Bezug: Schulung des Raumvorstellungsvermögens und des Problembewusstseins; handelnder Umgang mit und Freude am Tangram-Puzzle; Suchen weiterer Beispiele

◆ Das Tangram-Paradox

Das geschieht

Hier geht es um eine Besonderheit, die als Tangram-Paradox bekannt ist. Sam Loyd (wieder einmal) hat es angeblich als erster entdeckt.

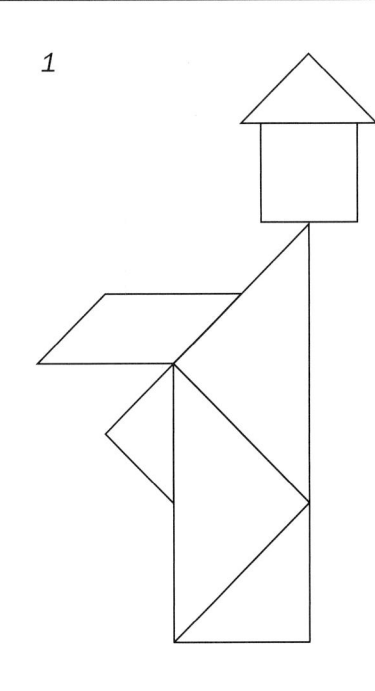

1

2

Ablauf

Das Tangram-Puzzle hat zu recht einen Siegeszug im Geometrieunterricht angetreten. Da es das Raumvorstellungsvermögen, die Kreativität, die Fantasie, das Durchhaltevermögen, den handelnden Umgang mit einfachen geometrischen Formen und die exakte Verbalisierung schult, bieten sich vielfältige Einsatzmöglichkeiten an.

Vorlagen für die unendlich vielen Legemöglichkeiten sind leicht erhältlich.

Am besten ist die Darbietung über den OH-Projektor mit einem Holz-Tangram. Dabei können die Teile ohne Zwischenraum gelegt werden und bilden sich als Schattenriss an der Wand ab.

▶ Legen Sie die Figur 1 und lassen Sie die Schüler diese auf den Block abzeichnen (nur im Umriss).

▶ Projektor ausschalten, Teile neu legen, wie bei Figur 2 angegeben;

▶ Projektor einschalten; Vergleich der beiden Figuren: Es kam ein Fuß dazu, obwohl kein Teil mehr verwendet wurde!

▶ Selbsttätigkeit der Schüler: Lösung suchen!

Lösung

Eigentlich ist es hier unnötig, die Lösung verbal wiederzugeben, Sie haben es sowieso sofort erkannt! Oder doch nicht? Machen Sie sich zwei Kopien der Figuren und legen Sie sie – gegen das Licht haltend – übereinander (Figur 2 über Figur 1): Alles klar?

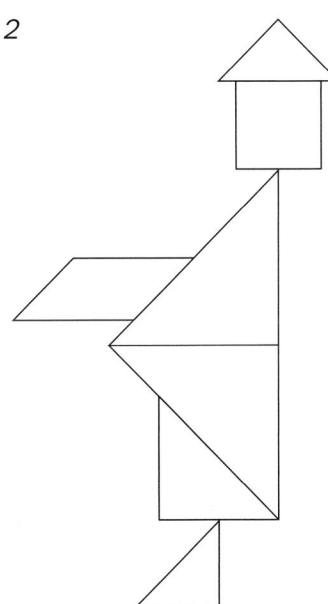

Die Tangram-Teile:

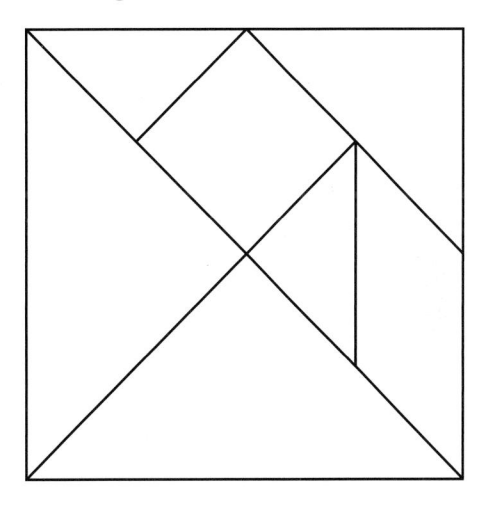

Halt!

Erst nach-denken, dann nach-lesen!

Wirklich!

Nanu!??!!

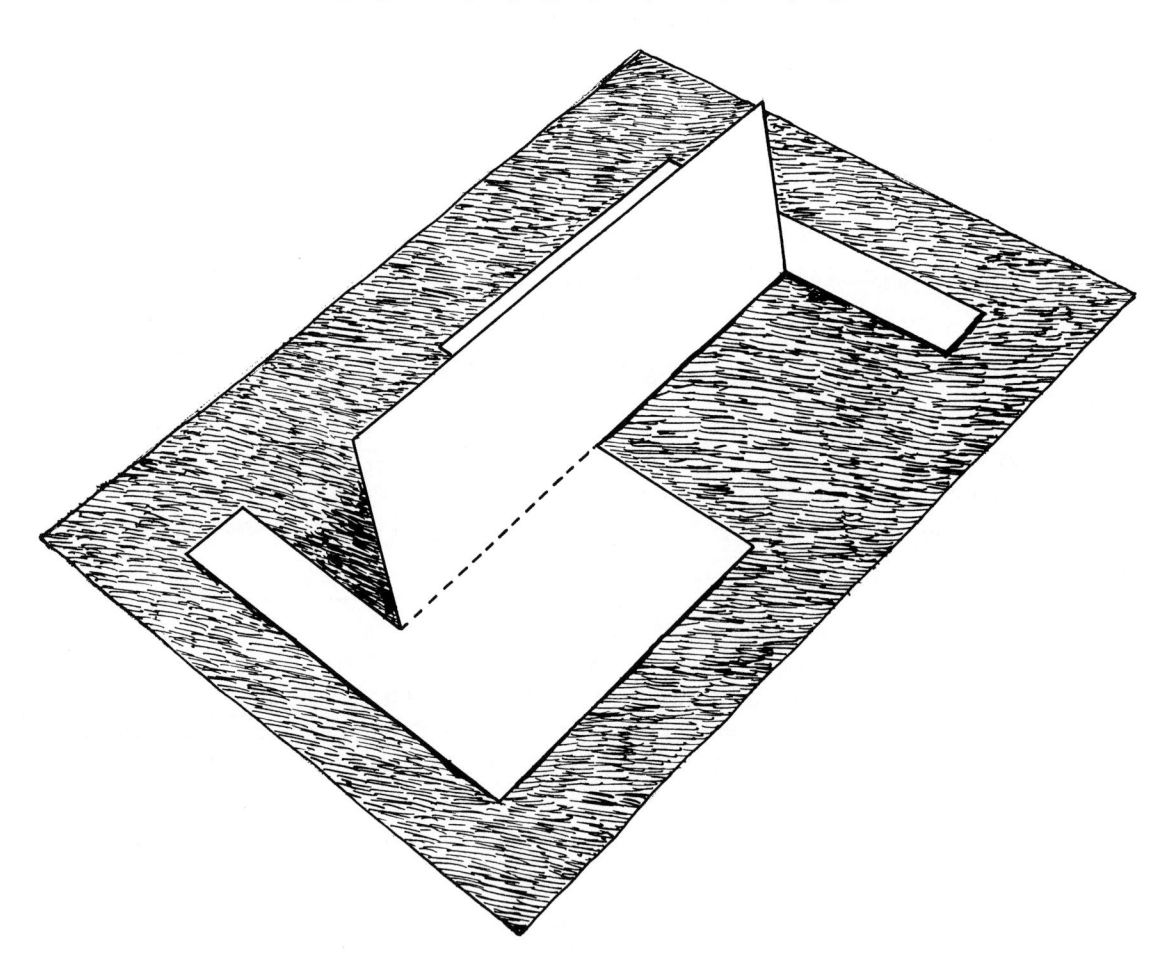

Unmöglich?

Aber nicht doch! „Ums Eck denken macht klüger!"

Diese Faltfigur wurde aus einem einzigen Stück Papier geschnitten und gefaltet!

*Die Herstellung dauert keine zwei Minuten – ohne Schere, Klebstoff
oder „unsichtbar wiederhergestellte Papierrisse"
(wie es vor Jahren ein selbsternannter „paranormal begabter Psychokinet"
der Esoterikpresse weismachen wollte).*

Probieren Sie es erst selbst aus, bevor Sie umblättern!

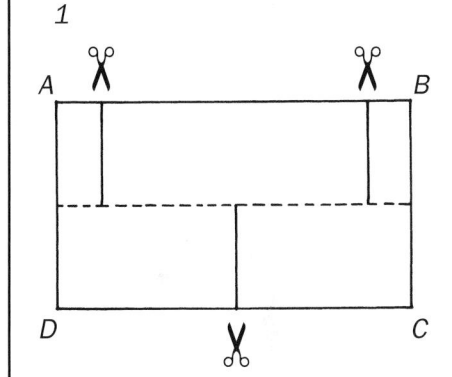

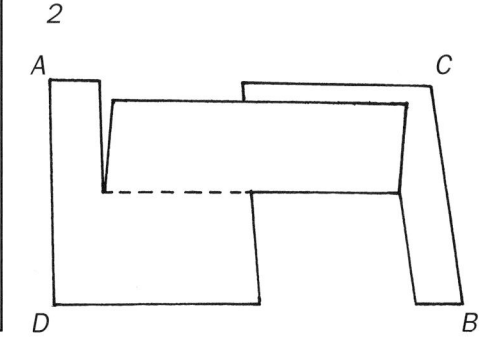

Alter/Jahrgangsstufe: Ab 3. Klasse bis zu uralten Erwachsenen

Mathematischer/schulischer Bezug: Räumliches Vorstellungsvermögen

◆ Eine unmögliche Faltfigur

Ablauf/Anfertigung

Dieses „unmögliche Ding" ist in der Zauberszene schon lange bekannt. Angeblich soll es sich um eine Frage aus der Aufnahmeprüfung für die Architekturschule an der Universität Sankt-Petersburg handeln.

Die *Anfertigung* ist denkbar einfach:

▶ Benötigt wird ein rechteckiges Stück Papier, die Größe ist egal; sehr gut geeignet sind Karteikarten A 6.

▶ Falten Sie die Karteikarte in Längsrichtung und wieder auf.

▶ Schneiden Sie mit der Schere an drei Stellen bis zur Mittelachse (siehe Abb. 1).

▶ Halten Sie die linke Seite fest (an AD) und ergreifen Sie mit der anderen Hand die rechte Seite (BC).

▶ Drehen Sie diese rechte Seite um 180 Grad auf sich zu (Abb. 2). Achten Sie auf die Buchstaben: C ist jetzt oben, B unten).

▶ Wenn Sie jetzt das ganze auf den Tisch stellen, haben Sie bereits die fertige Figur!

▶ **Achtung:** Geben Sie diese Figur niemandem in die Hand, denn dann wird das Geheimnis durch Zurückdrehen sofort durchschaut. Schließlich haben Sie sich ja auch zunächst einmal den Kopf zerbrochen – oder!? (siehe vorherige Seite).

▶ Am besten ist es also, die Faltfigur auf ein farblich kontrastierendes Papier aufzukleben.

Stellen Sie dies „Ding der Unmöglichkeit" im Lehrerzimmer mal vor einige KollegInnen oder vor den Schulrat/Vorgesetzten bei der nächsten Visitation!

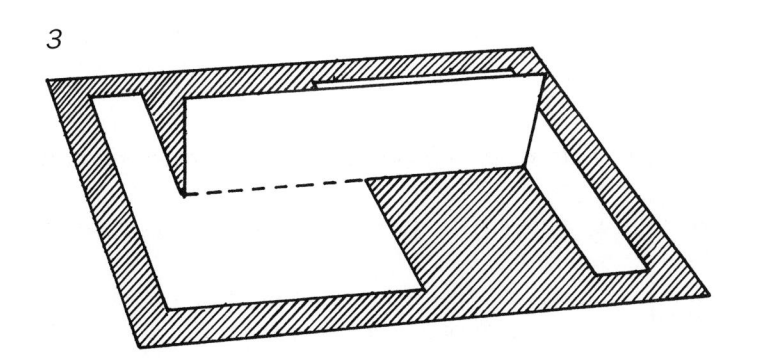

Alter/Jahrgangsstufe: Ab 4. Klasse

Mathematischer/schulischer Bezug: Staunen, rätseln, sich wundern; auch (scheinbar) einfache, völlig überschaubare geometrische Sachverhalte können verflixte Probleme enthalten ...

◆ Eine Perle der MatheMagie

Das geschieht

Ein Rechteck mit den Seitenlängen 9 und 7 Quadratseitenlängen (also 63 Quadraten Fläche) bleibt immer „gleich groß", obwohl der Vorführende dreimal je ein Quadrat sichtbar und eindeutig wegnimmt!

Ablauf

Hier handelt es sich wirklich um eine Perle der MatheMagie, die ursprünglich wohl von Paul Curry stammt und von Winston H. Freer fortgeführt wurde – zwei der Großen der Zauberkunst.

Eine unterrichtliche „Behandlung" wäre dem Effekt nicht angemessen. Führen Sie deshalb das Rätsel „nur" vor und lassen Sie keine Erklärung suchen.

Der Vorgang eignet sich hervorragend, um scheinbar „babyleichte" mathematische Stoffe (wie die Wiederholung der Flächenberechnung des Rechtecks in höheren Klassen) in Wiederholungs- und Festigungsphasen neu zu problematisieren.

Lassen Sie sich nicht abschrecken durch den anscheinend komplizierten Ablauf. Ich werde versuchen, Sie Schritt für Schritt so zu leiten, dass alles wie von selbst läuft. Haben Sie dies einmal durchgeführt, können Sie es sofort wiederholen.

1. Kopieren Sie die übernächste Seite, möglichst auf dünnen Karton (dann kann man die Teile leichter legen).

2. Schneiden Sie die Einzelteile A – H sauber aus. Die dicken schwarzen Linien werden alle weggeschnitten, sodass saubere Quadrate (ganze und Teile davon) entstehen. Die Teile 2 und 3 (abgetrennt durch gestrichelte Linien von den Großteilen D und G) bleiben vorerst erhalten.

3. Legen Sie diese Teile folgendermaßen auf den Tisch (eine Tischdecke erleichtert den Vorgang). Beachten Sie, dass das Teil A von den Teilen C, D, B und F leicht überdeckt wurde (gestrichelter Bereich). Dies sollen die Zuschauer nicht sehen, weshalb die Vorbereitung nicht vor ihren Augen erfolgen kann. Dahinter steckt das eigentliche Geheimnis, die Lösung.

Siehe die Illustration links.

4. Lassen Sie die Zuschauer die Quadrate zählen: Es sind 7 x 9 = 63 Stück!

5. Ziehen Sie *schnell* das obere Teil A weg und legen Sie es ungefähr 10 cm weiter darüber ab („Das brauchen wir vorerst nicht mehr!"). Wenn Sie dies zügig durchführen, wird nicht bemerkt, dass Teil A teilweise unter den übrigen Teilen lag.

6. Entfernen Sie Teil 1 (das einzelne Quadrat) und legen Sie es beiseite.

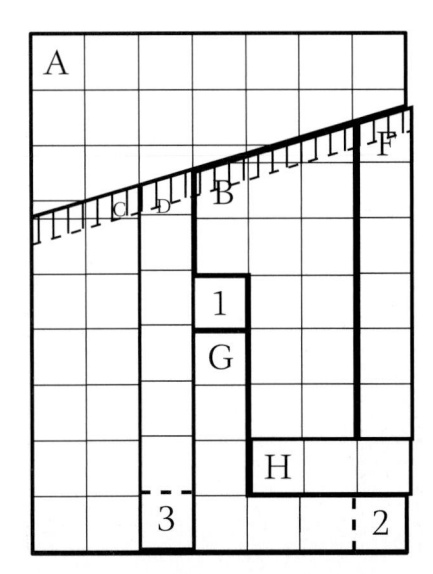

◆ Eine Perle der MatheMagie (Fortsetzung)

7. Legen Sie die drei linken Quadratsäulen (Teile C und D) ganz nach rechts, so, dass die Steigung oben erhalten bleibt. Ordnen Sie die Teile G und H neu an: Das Loch ist verschwunden! Lassen Sie zählen: 63 Quadrate (die des Teils A werden – aus der Entfernung – mitgezählt)!

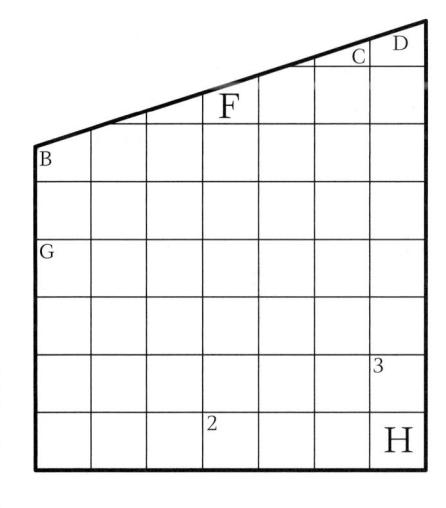

8. Knicken Sie Teil 2 nach hinten um (bei Teil G).

9. Legen Sie wiederum drei Säulen von links nach rechts um (Teile B und G) und ordnen Sie den Boden so, dass er wieder gerade ist: Das Loch ist geschlossen! Zählen Sie die Quadrate: Es sind 63 (mit denen des abseits liegenden Teils A)!

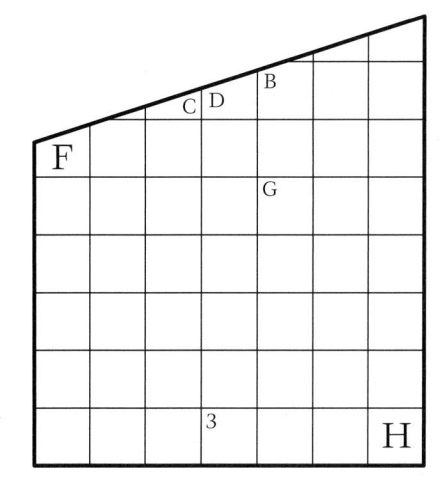

10. Knicken Sie Teil 3 (von Großteil D) nach hinten (damit ist das dritte Quadrat „verschwunden").

11. Legen Sie wieder drei Säulen von links nach rechts (Teile F und C) und egalisieren Sie den Boden: Das Loch ist geschlossen!

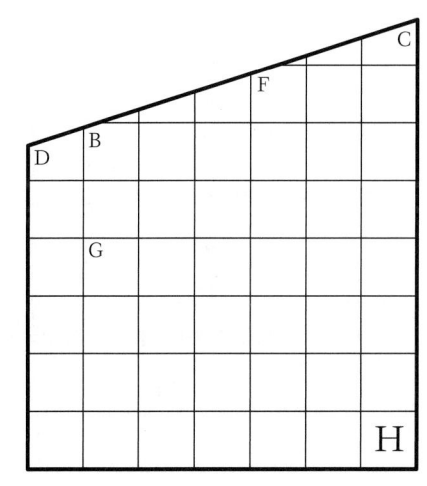

12. Nun können Sie Teil A wieder anlegen, sodass das Rechteck wieder vollständig ist. Lassen Sie zählen: 63 Quadrate!

Kopiervorlage: Eine Perle der MatheMagie

Alter/Jahrgangsstufe: Ab 5. Klasse

Mathematischer/schulischer Bezug: Flächenberechnungen; Suchen von Fehlermöglichkeiten; präzises Verbalisieren und anschauliches Darbieten von Lösungen; Verunsicherung/Problematisierung

◆ 48 = 49!

Das geschieht

Eine der größten methodischen „Künste" des Lehrers ist es, scheinbar selbstverständliche (die Schüler sagen: „babyleichte") Sachverhalte wieder problemhaltig zu machen.

Möglichkeiten der heilsamen, motivierenden Verunsicherung gibt es überall: im sprachlichen, mathematischen und sachkundlichen Bereich.

Die (immer wieder zur Wiederholung anstehende, weil grundlegende) Flächenberechnung des Quadrats ist ein gutes Beispiel dafür:

- Ein Quadrat mit der Seitenlänge 7 cm wird entlang einiger dickerer Linien zerschnitten (siehe Kopiervorlage auf der nächsten Seite).
- Beim erneuten, etwas anderen Zusammensetzen fehlt plötzlich in der Mitte ein ganzes Zentimeterquadrat!
- Beim ursprünglichen Quadrat waren es 49 Zentimeterquadrate, beim zweiten sind es plötzlich nur noch 48, obwohl doch nichts weggenommen wurde (zählen Sie die Quadrate, nicht ausrechnen)!
- 48 = 49!   q. e. d.

Lösung

(ja, gibt's denn überhaupt eine???)

Vielleicht fragen Sie mal einen Mathe-Experten im Kollegium? Valium/Baldrian bereithalten!

Oder Sie machen dieses „Wunder" zum Lerninhalt bei der nächsten Visitation?
Schere, Klebstoff... für den Vorgesetzten zurechtlegen! Die Nachbesprechung ist gelaufen!

Oder als „Eisbrecher" beim nächsten Elternabend? Für jedes Elternpaar liegt auf der Bank... bereit. Belohnung für die richtige Lösung aussetzen! – Wie heißt die bloß?

Noch eine andere Variante (es gibt noch mehr):
Probieren Sie selbst aus, was passiert, wenn man die Teile aus Abbildung 1 neu anordnet wie in Abbildung 2.

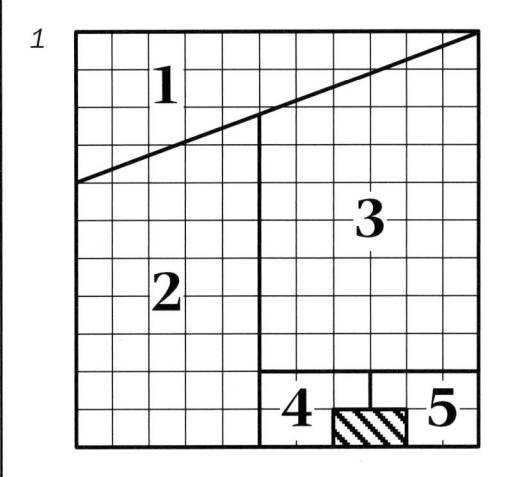

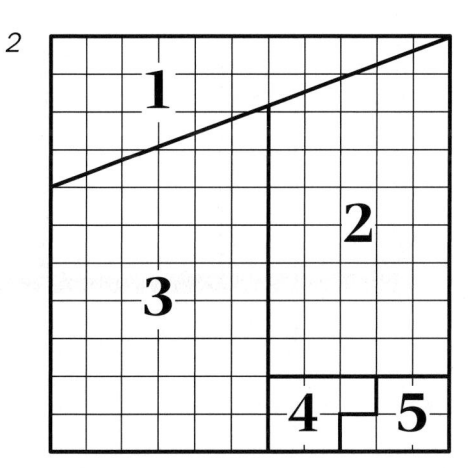

Kopiervorlage: 48 = 49!

Sieben mal sieben ist achtundvierzig!
Oder doch nicht?

1. Schneide das folgende Quadrat sorgfältig aus.
   Wie groß ist der Flächeninhalt?
   Zähle die Innen-Quadrate!

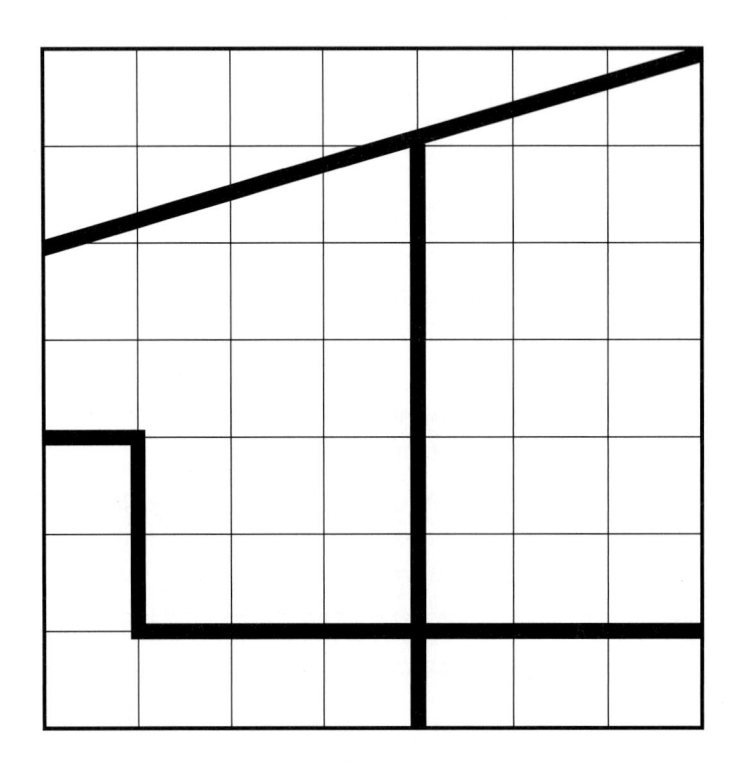

2. Zerschneide entlang der inneren, dickeren Linien und setze die Teile neu zusammen.
   Zähle wieder die Innen-Quadrate.
   Nanu!?

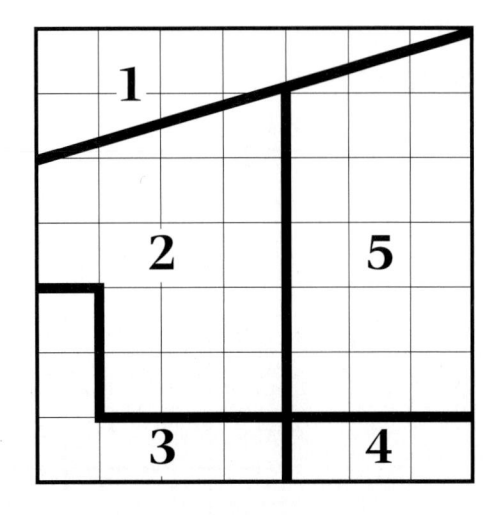

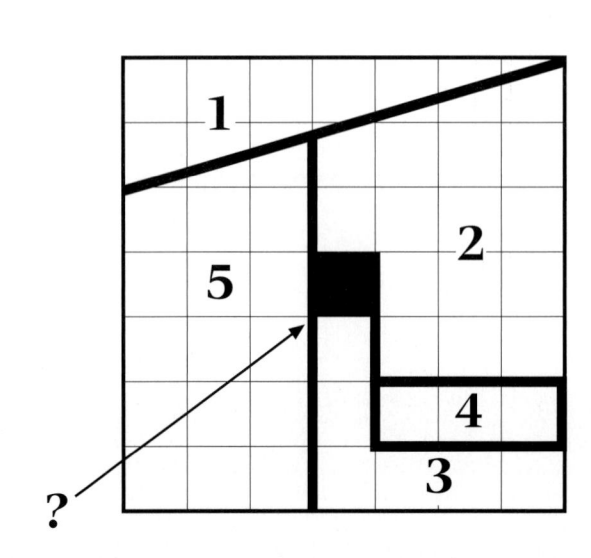

Alter/Jahrgangsstufe: Ab 3. Klasse

Mathematischer/schulischer Bezug: Topologie (außen/innen); Entwickeln von Lösungsstrategien

◆ Der Schnürsenkel des Riesen

Das geschieht

Eine lange, geschmeidige Schnur (vier bis sechs Meter) wird zu einem Ring geknüpft. Ein Schüler legt auf dem freigemachten Boden diesen Ring in möglichst vielen, engen und weiten Kurven aus. Es darf an keiner Stelle eine Überschneidung vorkommen (siehe Abb. 1).
Nun werden große Zeitungsböden an den Rändern darübergelegt, sodass nur noch ein Ausschnitt sichtbar bleibt. Man kann also die Gesamtschnur nicht mehr mit den Augen verfolgen (siehe Abb. 2).
Ein Schüler legt/stellt nun einen Gegenstand (z. B. eine Flasche, eine Holzkeule aus der Sporthalle, ein Federmäppchen o. a.) irgendwo in einen Zwischenraum (Abb. 2, Buchstabe A).

Der Vorführende kann nun ohne Zögern weitere Gegenstände scheinbar wahllos platzieren.
Werden anschließend die Zeitungsbögen entfernt, kann die Schnur langsam so weggezogen werden, dass zum Schluss kein einziger Gegenstand gefangen ist oder alle! Es kommt aber niemals eine Mischung vor!

Lösung

Diesen Effekt nachzumachen, ohne den „Trick" zu kennen, ist unmöglich (zumindest habe ich es noch nie erlebt, dass auch nur der Ansatz einer Lösung gefunden wurde).
Dabei ist es ganz einfach:
Die erste Flasche kann wirklich beliebig platziert werden. **Alle weiteren müssen immer nach irgendeiner Seite eine *gerade Anzahl* von Schnüren überspringen!**
Siehe Abb. 3, die Buchstaben B – E wären möglich, F ist falsch.

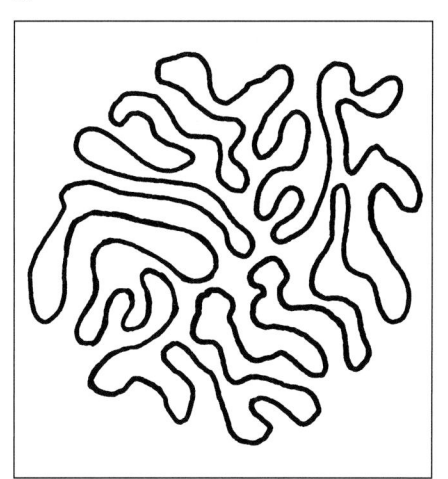

1

2

3

Alter/Jahrgangsstufe: Ab 3. Klasse bis Erwachsene

Mathematischer/schulischer Bezug: Logisches Denken; Ausprobieren von verschiedenen Lösungsstrategien; gemeinsames logisches Argumentieren; Knobeln; vorausschauendes Denken

Das iBDHH (indianischeBüffelDungHaufenHüpfen)

Das geschieht

Beim Stamm der Büffeldung-Indianer (warum heißen die eigentlich so?) müssen sich die heranwachsenden Jünglinge mehreren Prüfungen unterziehen, um in den KdK (Kreis der Krieger) aufgenommen zu werden.

So werden sie z. B. fünf Stunden mit auf den Rücken gefesselten Händen in eine Schwitzhütte gesperrt. Vor ihnen liegt ein Brett, in das der Medizinmann einen fünfzackigen Stern geschnitzt hat.

Die Aufgabe, die später auf einer Waldlichtung wirklich durchgeführt werden soll, lautet:

Der Jüngling bekommt vom Medizinmann neun Pfeile und wird an das große Pentagramm im Wald geführt. Auf jeder Spitze und in jeder Kreuzung liegt ein großer Büffeldunghaufen.

Der junge Mann soll nun die Pfeile so in die Haufen stecken, dass sich am Schluss in jedem ein Pfeil befindet.

Die Regeln, die dabei einzuhalten sind:

▶ Er muss immer an einem Haufen beginnen, in dem noch kein Pfeil steckt.

▶ Er muss den nächsten Haufen, der in gerader Linie davon liegt, überspringen (dort darf schon ein Pfeil sein) und weiterlaufen bis zum dritten. In diesen steckt er den Pfeil.

▶ Es dürfen keine zwei Dunghaufen übersprungen werden.

▶ Nachdem der Pfeil im Haufen steckt, darf er nicht mehr entfernt werden.

▶ Der Medizinmann macht es einmal vor, um zu zeigen, dass es wirklich geht (dabei kann der junge Indianer den Anfangspunkt selbst frei wählen).
Siehe Beispiel rechts.

Ablauf

Zugegeben: Die Rahmengeschichte ist völlig frei erfunden, sie könnte aber doch eventuell u. U. fast beinahe ganz wahr sein – oder?

Geschichte erzählen; auf OH-Projektor den Stern (s. nächste Seite) zeigen, vormachen, dabei Münzen auflegen.
Kopiervorlage in Partnerarbeit bearbeiten. Eine richtige Lösung ist fast unmöglich; wenn doch: Sofort mindestens zweimal mit verschiedenen Ausgangspunkten wiederholen lassen (um einen Zufall auszuschließen).

Lösung

Wenn Sie unten das Beispiel betrachten, sehen Sie, dass Sie selbst immer nur so handeln müssen, dass als nächstes der vorherige Ausgangspunkt bepfeilt wird! (Das haben Sie aber schon selbst herausgefunden – oder?)

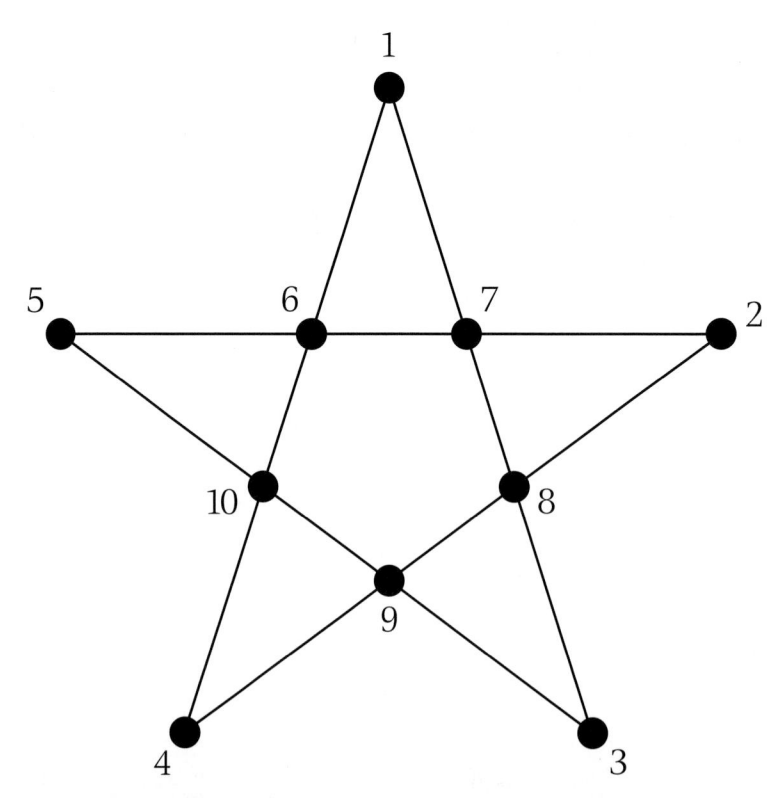

Beispiel:
Beginn bei 3, übersprungen 8, Pfeil in 7
Beginn bei 10, übersprungen 9, Pfeil in 3
Beginn bei 1, übersprungen 6, Pfeil in 10
Beginn bei 8, übersprungen 7, Pfeil in 1
Beginn bei 4, übersprungen 9, Pfeil in 8
Beginn bei 6, übersprungen 10, Pfeil in 4
Beginn bei 2, übersprungen 7, Pfeil in 6
Beginn bei 9, übersprungen 8, Pfeil in 2
Beginn bei 5, übersprungen 10, Pfeil in 9

Kopiervorlage: Das iBDHH

Das *indianische*BüffelDungHaufenHüpfen

Der junge Indianer muss folgende Aufgabe lösen:
Er muss seine neun Pfeile so in die Dunghaufen stecken, dass sich zum Schluss in neun Haufen ein Pfeil befindet.

Die Regeln, die er beachten muss, lauten:
- *Er muss immer an einem Haufen beginnen, in dem noch kein Pfeil steckt.*
- *Er muss den nächsten Haufen, der in gerader Linie davon liegt, überspringen (dort darf schon ein Pfeil sein) und sofort weiterlaufen bis zum dritten. In diesen steckt er den Pfeil.*
- *Es dürfen keine zwei Dunghaufen übersprungen werden.*
- *Nachdem ein Pfeil in einem Haufen steckt, darf er nicht mehr entfernt werden.*

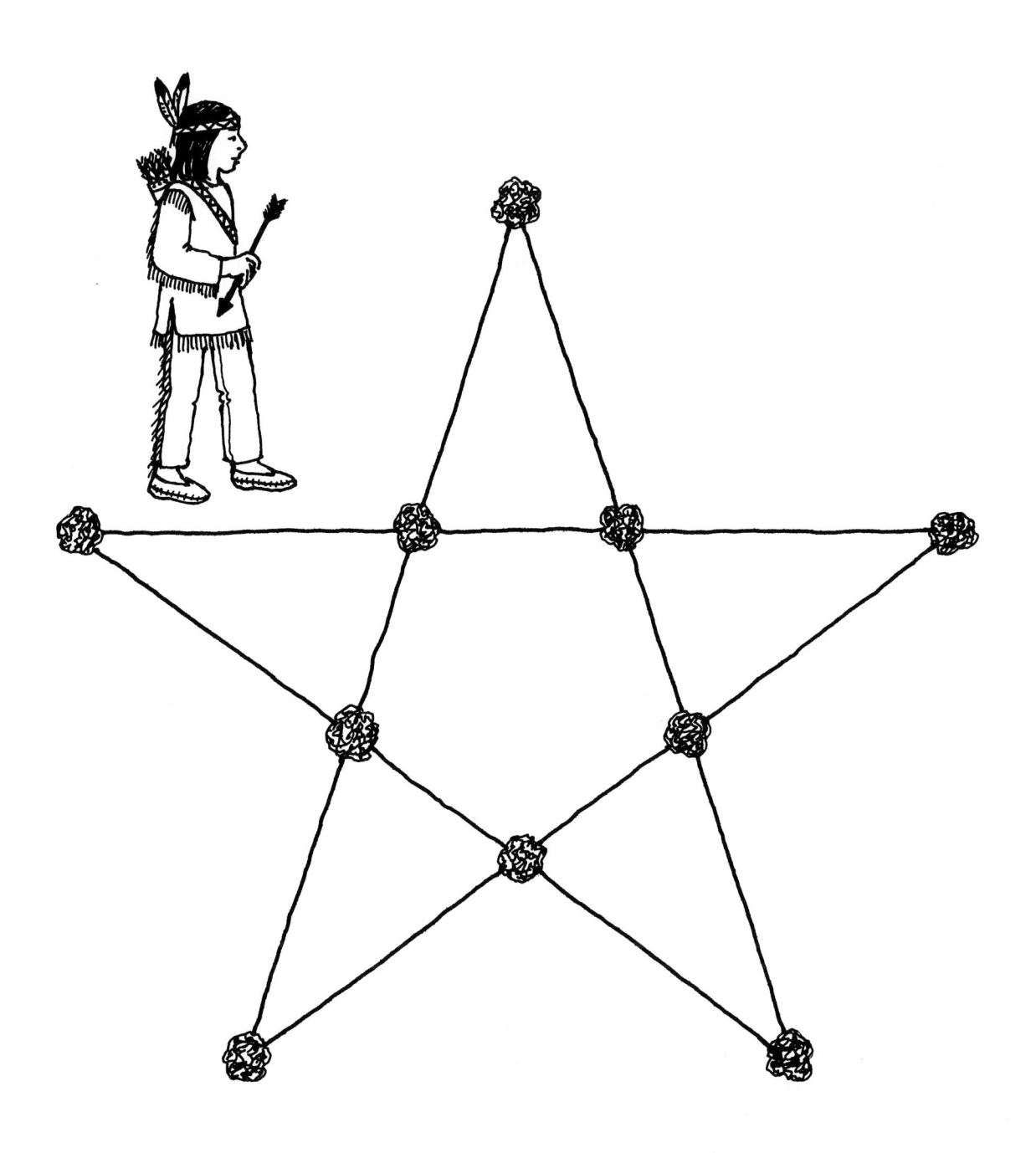

Alter/Jahrgangsstufe: Ab 4. Klasse

Mathematischer/schulischer Bezug: Entdecken von Trugschlüssen; Erarbeiten von Lösungsstrategien; Einwirken auf das Elternhaus

◆ Wer arbeitet überhaupt noch?

Das geschieht

Auf einem Blatt Papier, an der Tafel usw. wird „bewiesen", dass wir eigentlich alle überhaupt nicht mehr arbeiten!

Ablauf

Das nachfolgende „Zahlenspiel" verblüfft vor allem dann, wenn es zügig und schnell schriftlich entwickelt wird (z. B. auch im Lehrerzimmer, an der Bartheke auf dem Bierfilz, auf der Lehrerurlaubsinsel Kreta im Sandstrand …).

Erzählen Sie flott, dass Sie das ganze Gejammere über die hohe Arbeitsbelastung nicht mehr hören können, denn Sie können mathematisch **beweisen,** dass das überhaupt nicht stimmt:

„Um es fair zu machen, nehmen wir ein Schaltjahr, das sind 366 Tage.

Normalerweise arbeitet man 8 Stunden am Tag, also ein Drittel. Also kann man $^2/_3$ abziehen. Das sind 244 Tage. Übrig bleiben 122 Tage.

Am Wochenende arbeitet man nicht. Davon gibt es 52 im Jahr mit je zwei Tagen. Also kann man nochmals 104 Tage abziehen. Übrig bleiben 18 Tage.

Und die Feiertage? Wenn wir mal grob rechnen, sind es mindestens sechs. Bleiben noch 12 Tage.

Jeder hat heute mindestens drei Wochen Urlaub. Also?

Womit bewiesen wäre: Kein Mensch arbeitet überhaupt noch – im Gegenteil!"

Lösung

Die kann ich Ihnen leider nicht mehr geben, da mein Arbeitstag gerade zu Ende gegangen ist!

Noch einmal zusammengefasst:
- 366 Tage im Schaltjahr;
- 244 Tage werden subtrahiert, weil man nur ein Drittel des Tages arbeitet;
- 122 Tage bleiben übrig
- 104 Tage (Wochenenden mit zwei Tagen) werden davon abgezogen;
- 18 Tage bleiben übrig
- 6 Feiertage werden abgezogen
- 12 Tage bleiben übrig
- 21 Urlaubstage werden abgezogen
- 000 Arbeitstage bleiben übrig!

Alter/Jahrgangsstufe: Ab 2. Klasse

Mathematischer/schulischer Bezug: Verblüffung; Erkennen von logischen Fehlern; anschauliches Darstellen und präzises verbales Erklären von Lösungen

◆ Gewusst wie! Lehrer sind findige Leute!

Das geschieht

Der Lehrer erzählt eine Geschichte, die zunächst völlig schlüssig klingt, bis auf einmal ein unmöglicher Schluss folgt.

Ablauf

Erzählen Sie ungefähr folgende Geschichte (konkretisiert auf sich selbst oder eine(n) Kolleg(e)In):

▸ *Neulich war ich mit einer Klasse in einem Raum, in dem sich nur 19 Stühle befanden. Ich wollte die ganze Stunde über einen Sitzkreis machen.*

▸ *Leider waren es aber 20 Schüler. Dass einer so lange stehen blieb, wollte ich auch nicht. Also ließ ich mir was einfallen:*

▸ *Ich stellte die Stühle in einer Reihe auf und setzte den ersten Schüler auf den ersten Stuhl.*

▸ *Dann fragte ich ihn, ob neben ihn (also auf seinen Stuhl) sich ein paar Minuten lang noch ein anderer setzen dürfte. Das erlaubte er freundlicherweise. Also nahm ich einen anderen Schüler und beide teilten sich die Sitzfläche.*

▸ *Den dritten Schüler setzte ich auf den zweiten Stuhl.*

▸ *Den vierten Schüler auf den dritten Stuhl.*

▸ *Den fünften Schüler auf den vierten Stuhl.*

▸ *…*

▸ *Den achtzehnten Schüler auf den siebzehnten Stuhl.*

▸ *Den neunzehnten Schüler auf den achtzehnten Stuhl.*

▸ *Dann holte ich noch den zwanzigsten Schüler, der zusammen mit dem ersten auf dem ersten Stuhl ausharrte und setzte ihn auf den neunzehnten Stuhl. Damit waren alle 20 Schüler untergebracht!*

▸ *Oder?*

Lösung

Verblüffend, nicht?
Wenn Sie schnell und überzeugend genug sprechen, fallen selbst Erwachsene auf den Trugschluss herein.

Geben Sie sich nicht mit oberflächlichen Erklärungen zufrieden, sondern fordern Sie eine exakte Aussage!

Sie haben natürlich sofort gemerkt, dass der zweite und der zwanzigste Schüler als eine Person gezählt wurden – oder?!

Alter/Jahrgangsstufe: Ab 3. Klasse bis Erwachsene

Mathematischer/schulischer Bezug: Täuschungen durch falsche Einschätzungen bezüglich bestimmter Zahlenmengen; Statistik; psychologische Präferenzen in Bezug auf Zahlen und andere Bereiche; Sensibilisierung gegenüber vorschnellen „magischen" Deutungen

◆ „Echte Telepathie" oder was?

Das geschieht

Zwei nicht eingeweihte Zuschauer denken *völlig frei* an je eine Zahl. Der „Telepath" empfängt diese mental (durch seine Gedankenkraft) und kreuzt sie auf einer Zahlentafel (auf Papier oder Overhead-Folie) rot an. Dieses Blatt wird gefaltet unter Kontrolle gegeben und erst nach Nennen der gewählten Zahlen geöffnet. Meist trifft Übereinstimmung zu.

Ablauf/Vorgehen

Zwei Zuschauer werden bestimmt/bzw. ausgewählt.

Zum ersten Teilnehmer:

„Schreibe eine zweistellige Zahl zwischen 10 und 50 auf! Beide Ziffern müssen ungerade und dürfen nicht gleich sein!"

Zum zweiten Teilnehmer:

„Schreibe eine zweistellige Zahl zwischen 50 und 100 auf! Beide Ziffern müssen gerade und dürfen nicht gleich sein!"

Sie kreuzen auf dem Zahlenfeld die Zahlen 37 und 68 (auf der entsprechenden Overhead-Folie oder auf dem Papier) an, übergeben dieses Blatt einer Kontrollperson und lassen die gewählten Zahlen vorlesen.
Meist stimmen beide Zahlen oder zumindest eine davon!
Wenn nicht?
„Experimente" haben nun mal die Eigenschaft, dass sie glücken können oder auch nicht! Gerade der Mißerfolg wird in der Paraszene, im okkulten Bereich als der Beweis für die „Echtheit" gedeutet, denn „wenn es ein Trick wäre, würde es ja jedesmal klappen!"
Meist haben Sie aber mit folgendem Vorgehen doch noch Erfolg, wenn die aufgeschriebenen Zahlen wider Erwarten (s. u.) nicht mit den von Ihnen angekreuzten übereinstimmen sollten:
„Merkwürdig – ich habe ganz deutlich geglaubt, die Zahl 37 (bzw. 68) zu empfangen! Hat vielleicht jemand in der Nähe diese Zahlen gedacht? Du? … Kein Wunder, das hat mich abgelenkt, offenbar bist du ein starker geistiger 'Sender'!"

Lösung

Es gibt Präferenzen in der Wahl von Objekten/Worten, denen jeder von uns unterliegt. Die Psychologie hat dazu ganze Listen aufgestellt, deren häufigsten Beispiele mittlerweile allgemein bekannt sind (nichtsdestotrotz fallen die meisten Menschen unvorbereitet darauf herein).

Bei folgendem Vorgehen hat man meistens Erfolg:
Gehen Sie schnell zu jemandem hin, sprechen Sie schnell:
„Sagen Sie mir ein Werkzeug … jetzt!" (Hammer)
„Sagen Sie mir ein Musikinstrument … jetzt!" (Geige)
„Sagen Sie mir eine Blume … jetzt!" (Rose)
„Sagen Sie mir ein wildes Tier … jetzt!" (Löwe)
„Sagen Sie mir eine Farbe … jetzt!" (Rot oder Blau)

Das *„jetzt!"* muss schnell und scharf gesprochen werden, damit wenig Zeit zum Nachdenken bleibt.

◆ „Echte Telepathie" oder was? (Fortsetzung)

Ebenso wie die obigen Beispiele werden meist die Zahlen 37 und 68 gewählt.
Warum? Zählen Sie anhand der Zahlentafel, wie viele Zahlen die Vorschriften überhaupt erfüllen!
Es scheint eine ganze Menge zu sein (zwischen 10 und 50, zwischen 50 und 100!) – und doch ist dem nicht so!

Meist wählt man automatisch eine Zahl, die nicht gleich am Anfang und nicht am Ende liegt – 37 bzw. 68 (gefolgt von 35 und 64). Wenn Sie also noch sicherer gehen wollen:

Schreiben Sie zunächst 35 auf, streichen Sie dies durch und schreiben Sie 37. Jetzt sind Sie doppelt gerüstet. Wird tatsächlich 35 genannt: *„Verflixt! Hätte ich doch bei meinem ersten Eindruck bleiben sollen...!"*
Ebenso bei 64 und 68.

Ein weiteres Beispiel:
Fordert man jemanden auf, zwei einfache geometrische Formen zu zeichnen, wobei sich eine davon in der zweiten befindet, so wird meist ein Dreieck in einem Kreis gewählt.

Anregung für eine aktive Bearbeitung dieses Phänomens:

Die Schüler führen selbst entsprechende empirische/ statistische Erhebungen durch im Verwandten-/Bekanntenkreis und überprüfen, ob die behaupteten Präferenzen stimmen. Grafisch darstellen lassen.
Folgerungen werden gezogen, welchen Eindruck jemand erwecken kann, der diesen unbekannten Effekt ausnutzt, um „paranormale Kräfte" vorzuspielen.

Du wirst folgende Zahl schreiben:

Du wirst folgende Zahl schreiben:

1	2	3	4	5	6	7	8	9	10
11	12	13	14	15	16	17	18	19	20
21	22	23	24	25	26	27	28	29	30
31	32	33	34	35	36	37	38	39	30
41	42	43	44	45	46	47	48	49	50
51	52	53	54	55	56	57	58	59	60
61	62	63	64	65	66	67	68	69	70
71	72	73	74	75	76	77	78	79	80
81	82	83	84	85	86	87	88	89	90
91	92	93	94	95	96	97	98	99	100

Alter/Jahrgangsstufe: Ab 3. Klasse

Mathematischer/schulischer Bezug: Addition großer Zahlen; Herausarbeiten des mathematischen Hintergrunds (höhere Klassen); Unterhaltung (Schüler führen beim Schulfest vor); Quersumme; Motivation durch „Zauberhafte Mathematik"

◆ Der Blitzrechner 1

Das geschieht

▶ Ein Schüler wählt völlig frei eine dreistellige Zahl aus, die aus verschiedenen Ziffern besteht.

▶ Daraus bildet er fünf weitere Zahlen.

▶ Schon zu diesem Zeitpunkt kann der „Zauberer" die Summe aller sechs Zahlen angeben!

▶ Jetzt erst wird überprüft, ob dies stimmt.

Ablauf

Es gibt viele Mathetricks, bei denen der Eindruck eines Rechengenies erweckt wird, das große Zahlen im Kopf multiplizieren, addieren, subtrahieren und dividieren kann. Oft steckt aber ein „Kniff" dahinter, der wesentlich weniger Rechenfertigkeit erlaubt.

Ablauf: siehe links!

Lösung

▶ *Sie* bilden die Quersumme der gewählten Zahl und multiplizieren diese mit 222. That's all!

▶ Dies kann im Kopf geschehen oder mit einem Spickzettel, den Sie nebenan finden.
Die kleinste mögliche Quersumme ist 6 (wenn 123 gewählt wird), die größte ist 24 (bei 789). Für alle möglichen Ergebnisse (Quersumme mal 222) werden die Produkte angegeben, sodass ein schneller Blick genügt.

Beispiel:
Gewählte Zahl: 473
(Sie wissen jetzt schon: Quersumme 14)
14 mal 222 = 3108; noch nicht bekanntgeben!)

Der Schüler bildet folgende Zahlen daraus

```
           473
           743
           734
           347
           437
           374
Addition: 3108  (was Sie ja
                 schon längst wussten!)
```

Der Spickzettel
(kopieren, je nach Augenschärfe verkleinern, z. B. unter das Uhrenarmband stecken):

Quersumme:	Ergebnis:
6	1332
7	1554
8	1776
9	1998
10	2220
11	2442
12	2664
13	2886
14	3108
15	3330
16	3552
17	3774
18	3996
19	4218
20	4440
21	4662
22	4884
23	5106
24	5328

Alter/Jahrgangsstufe: Ab 3. Klasse

Mathematischer/schulischer Bezug: Addition von großen Zahlen; pädagogischer Bezug; Erarbeiten des mathematischen Hintergrundes (wenn es denn sein soll!); „zauberhaftes Rechnen" (auch zu Hause!)

◆ Der Blitzrechner 2

Das geschieht

Drei Schüler schreiben auf einem Blatt Papier (oder an der Tafel) je eine drei- oder vierstellige Zahl auf. Werden diese Zahlen vorgelesen, kann der Vorführende sofort sagen, wie groß die Summe ist! Sogar, wenn er sich dabei abwendet, ist dies möglich.

Als *Steigerung* ist sogar möglich, dass der zweite und dritte Schüler sich die gewählten Zahlen nur denken! Trotzdem kann die Summe aller drei Zahlen genannt werden.

Ablauf

Auch bei diesem Kunststück sieht es so aus, als ob der Vorführende (das können 9-jährige Kinder sein!) blitzschnell im Kopf Additionen von großen Zahlen durchführen kann. Und das sogar schneller, als ein Zuschauer mit Taschenrechner!

Wie links beschrieben: Drei Schüler schreiben untereinander beliebige drei- oder vierstellige Zahlen auf, z. B.

```
            1 846
            3 857
          + 6 142
  Summe:   11 845
```

Lösung

Sie haben bereits zwei Hinweise auf die Lösung erhalten:

▶ Zum einen eignet sich dieses Kunststück (wie andere mit der gleichen „Grundlage") zur Verstärkung des pädagogischen Bezugs, weil man einen eingeweihten Helfer einbezieht.

▶ Zum zweiten gelingt es auch, wenn sich der zweite und dritte Schüler ihre Zahlen nur denken. Also muss das Ergebnis bereits nach der ersten Zahl feststehen.

▶ In der Tat ist dies so! Wenn Sie die zweite und dritte Zahl betrachten, dann erkennen Sie, dass sie zusammen 9999 ergeben! Der dritte Schüler ergänzt also nur die darüberstehende Zahl jeweils auf 9.

▶ Die Summe können Sie folgendermaßen schon nach der ersten (wirklich frei gewählten) Zahl angeben: Ziehen Sie an der Einerstelle eins ab und setzen Sie vorne eins dazu! Das ist alles! *(siehe Beispiel links!)*

Wie so oft spielt auch hier die Art der Darbietung/die Show eine größere Rolle als das eigentliche Trickgeheimnis.

Wenn Sie zwei oder drei Schüler vorher einweihen, können Sie den Vorgang sofort wiederholen (was lautstark sowieso gefordert wird).

Da eine eigentliche Rechenfertigkeit im angeblichen großen Zahlenraum (schriftliche/mündliche Addition) überhaupt nicht nötig ist, können sogar Schüler der 1. und 2. Klasse sich als mathematische Genies produzieren. Dann sollen die Zahlen langsam einzeln vorgelesen werden. Beim Elternabend kann dann ein akademisch gebildeter Vater mit dem Taschenrechner gegen sie antreten. Null Chance!

Beispiel:
1. Zahl: 4 573
Ergebnis: 14 572

1. Zahl: 6 583
Ergebnis: 16 582

Alter/Jahrgangsstufe: Ab 3. Klasse bis Erwachsene

Mathematischer/schulischer Bezug: Allgemeine Denkschulung; logisches Denken; Entwickeln von Lösungsstrategien; Sachrechnen; Entwerfen von Rechenplänen; Motivation durch Verunsicherung; Abstraktionsstufen: konkret – ikonisch (bildlich) – abstrakt (reiner Zahlenbereich); Freude am Entdecken des „Clous"; exaktes Verbalisieren

◆ Ist ja babyleicht!

Das geschieht

Auf kopierten Blättern oder Folien werden scheinbar „babyleichte" Sachaufgaben gestellt, die aber urplötzlich zum Stutzen führen. Es werden – anscheinend logisch zwingend – Lösungen entwickelt, die rein mathematisch Unsinn sind.

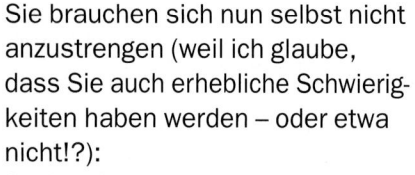

Ablauf

An der langen Aufzählung oben erkennen Sie schon, dass es sich hier um echte „Knaller" handelt.
Aus vielfältiger Erfahrung in der Lehreraus- und -fortbildung kann ich bestätigen, dass bei den folgenden „Sachaufgaben" hitzige Diskussionen selbst bei Erwachsenen stattfinden.

Präsentieren Sie (ziemlich schnell lesend/sprechend) die Aufgaben auf den Kopiervorlagen mit festem Tonfall, der keine Zweifel aufkommen lässt – bis zum überraschenden Schluss!
Im weiteren Verlauf besteht Ihre Aufgabe nur noch darin, immer wieder auf den Sachverhalt (z. B. die fehlende Mark bzw. den Euro) hinzuweisen.
Würgen Sie (selbst richtige) Antworten so lange ab durch hartnäckiges Wiederholen der Ursprungsaufgabe, bis es der letzte Schüler verstanden hat (das passiert eigentlich nie) und bestehen Sie auf anschaulicher, konkreter, logisch zwingender Beweisführung!

Man kann die Situation

▶ nachspielen

▶ mit Rechengeld legen

▶ skizzieren

▶ im Ablaufdiagramm darstellen

▶ mathematisch (mit Formeln) niederlegen

▶ …

All dies ist meistens wenig erfolgreich, wenn nicht irgendwann jemand …

Lösung

… einfach sagt, dass die Fragestellung eine Frechheit ist, weil nämlich …

… auf den logischen Knacks hinweist, der dadurch entsteht, dass …

… klarmacht, dass die Sichtweise falsch ist, weil …

Sie brauchen sich nun selbst nicht anzustrengen (weil ich glaube, dass Sie auch erhebliche Schwierigkeiten haben werden – oder etwa nicht!?):
Stellen Sie die Aufgabe Ihren Familienmitgliedern, Ihren Kollegen in der Lehrerschaft, Ihrem Vorgesetzten, dem Wirt Ihrer Stammkneipe usw. und lehnen Sie sich zurück.
Lassen Sie sich die Aufgaben so lange erklären, bis Sie selbst durchblicken. Verunsichern Sie immer wieder durch Nachfragen, wenn jemand in abstrakten Höhen schwebt (was sehr leicht geschieht). Die Erklärung soll so sein, dass ein Schüler der 3. Klasse sie versteht. Bestehen Sie darauf!

Kopiervorlage: Ist ja babyleicht!

Sonderangebot!

Computerspiel nur 30 €!

Fabian, Christian und Matthias bekommen von ihrer Oma Brigitte zum Nikolaus je 10 € geschenkt.
Weil es im Nikolausladen ein tolles Sonderangebot an Computerspielen gibt, legen sie ihr Geld zusammen und gehen dorthin.

Sie kaufen zusammen ein Spiel und verlassen den Laden wieder.

Der Nikolaus allerdings merkt, dass der Verkäufer den Buben ein altes Spiel verkauft hat, das nur 25 € kostet.

Er schickt also den Verkäufer hinterher. Er soll den Jungen die 5 € zuviel wieder zurückgeben.
Dabei denkt sich der Angestellte: „5 € durch 3 teilen geht schlecht." Also steckt er selbst 2 € in seine Tasche. (Wenn das der Nikolaus wüsste!!!)

Als der Verkäufer die Jungen einholt, gibt er jedem 1 € zurück. Insgesamt hat also jeder Junge nur 9 € bezahlt.

3 mal 9 € geben 27 €.
2 € hat der Verkäufer noch in seiner Hosentasche.
27 € plus 2 € geben 29 €.
30 € wurden am Anfang an der Kasse bezahlt.
30 € minus 29 € = 1 €

Wo ist der eine Euro ???

Auf dem Pferdemarkt

Ein Mann kauft für 50 € ein Pferd.
Er verkauft es wieder für 60 €.
Einen Tag später kauft er sich wieder
ein Pferd, diesmal für 70 € und verkauft es
abermals.
Jetzt bekommt er dafür 80 €.
Hat er Gewinn oder Verlust gemacht?

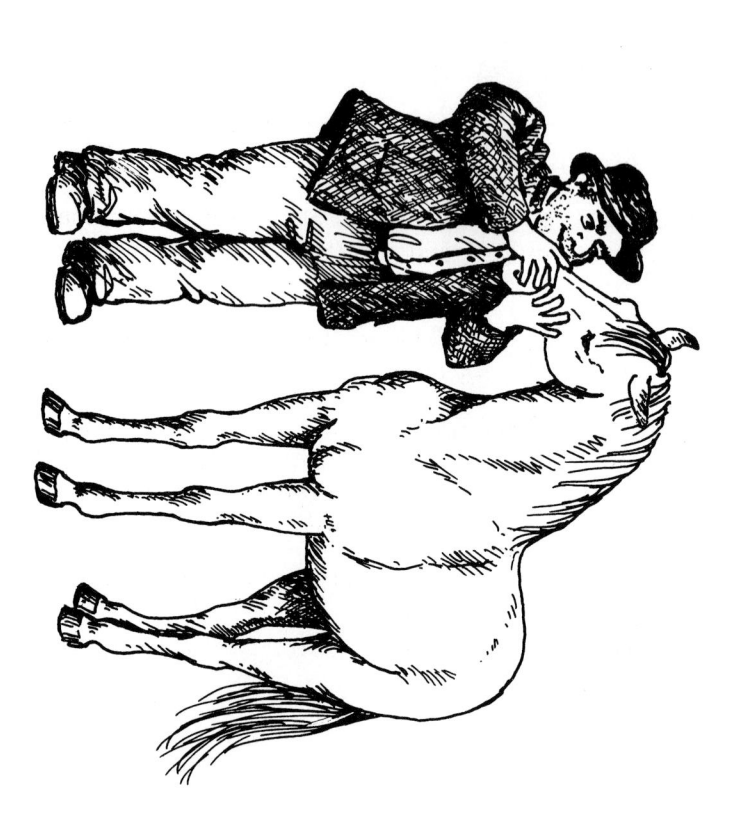

Onkel Willi geht zur Bank.

Er hat auf dem Sparbuch 250 €.
Er lässt sich Geld auszahlen:

Abhebung	Restbetrag
100	150
75	75
50	25
15	10
10	—
250 €	260 €

Woher kommen die 10 € Gewinn?

Alter/Jahrgangsstufe: Ab 2. Klasse

Mathematischer/schulischer Bezug: Mündliche Addition im Zahlenraum bis 100; „zauberhafte Mathematik"; Konzentration/Durchhaltevermögen (geeignet deshalb z. B. auch für Freiarbeit)

◆ Wer tüftelt sowas nur aus?!

Das geschieht

Eine Zahlentafel mit 225 Zahlen wird präsentiert (Kopie oder Folie).
Schnell wird deutlich, dass das scheinbar willkürliche Durcheinander der Zahlen raffinierte Gesetzmäßigkeiten enthält.

zu Möglichkeit 1

19	6	23	15	2	19	6	23
25	12	4	16	8	25	12	4
1	18	10	22	14	1	18	10
7	24	11			7	24	11
13	5	17			13	5	17
19	6	23	15	2	19	6	23
25	12	4	16	8	25	12	4
1	18	10	22	14	1	18	10

zu Möglichkeit 2

(Zahlentafel mit markierten waagerechten, senkrechten und diagonalen Fünferreihen)

Ablauf

Stellen Sie die Zahlentafel vor und machen Sie darauf aufmerksam, dass kein bestimmtes System der Anordnung vorhanden ist.

Möglichkeit 1:

▶ Legen Sie einen Pfennig (bei stärkerer Vergrößerung ein anderes Geldstück) so auf, dass vier Zahlenquadrate verdeckt sind.

▶ Wenn Sie nun diese vier Zahlen plus eine Zahl, die diagonal mit einem Feld Zwischenraum steht, addieren, ergibt sich immer die Summe 65! Dabei ist egal, in welche Richtung diagonal gegangen wird, es muss nur immer ein Feld dazwischen liegen.

▶ *Beispiel:* Der Block in der Mitte, bestehend aus den Zahlen:
3 + 20 + 9 + 21 = 53
Dazu kommt diagonal mit einem Feld Abstand (gleich in welche Richtung) die Zahl 12; 53 + 12 = 65 *(siehe links!)*

Möglichkeit 2:

▶ Die Summe von fünf Zahlen – gleich ob senkrecht, waagerecht oder diagonal – ergibt ebenfalls immer 65!

▶ Lassen Sie z. B. ein Streichholz der richtigen Länge irgendwo auflegen und die fünf Zahlen still addieren. Nun können Sie – ohne hinzusehen – das Ergebnis „aus den Köpfen ablesen"!

▶ *Beispiele:*
Waagerecht: 8 + 25 + 12 + 4 + 16 = 65
Senkrecht: 2 + 8 + 14 + 20 + 21 = 65
Diagonal: 19 + 5 + 11 + 22 + 8 = 65 *(siehe links!)*

Selbstverständlich können Sie die umseitige Zahlentafel kopieren und einen Fehler einbauen (eine Zahl löschen und durch eine andere ersetzen).
Wer findet den Fehler?

Vielleicht haben Sie im Klassenzimmer einen Computer? Dann lassen Sie die Zahlentafel ganz genau abschreiben und speichern.
Nun können Sie oder die Schüler noch leichter Veränderungen vornehmen – quasi völlig unsichtbar!

Lösung

Braucht es hier nicht!

Kopiervorlage: Wer tüftelt sowas nur aus?!

24	11	3	20	7	24	11	3	20	7	24	11	3	20	7
5	17	9	21	13	5	17	9	21	13	5	17	9	21	13
6	23	15	2	19	6	23	15	2	19	6	23	15	2	19
12	4	16	8	25	12	4	16	8	25	12	4	16	8	25
18	10	22	14	1	18	10	22	14	1	18	10	22	14	1
24	11	3	20	7	24	11	3	20	7	24	11	3	20	7
5	17	9	21	13	5	17	9	21	13	5	17	9	21	13
6	23	15	2	19	6	23	15	2	19	6	23	15	2	19
12	4	16	8	25	12	4	16	8	25	12	4	16	8	25
18	10	22	14	1	18	10	22	14	1	18	10	22	14	1
24	11	3	20	7	24	11	3	20	7	24	11	3	20	7
5	17	9	21	13	5	17	9	21	13	5	17	9	21	13
6	23	15	2	19	6	23	15	2	19	6	23	15	2	19
12	4	16	8	25	12	4	16	8	25	12	4	16	8	25
18	10	22	14	1	18	10	22	14	1	18	10	22	14	1

Alter/Jahrgangsstufe: Ab 3. Klasse

Mathematischer/schulischer Bezug: Unterhaltsame Mathematik; Suchen von Gesetzmäßigkeiten; „Zauberhaftes Dreieck"; Mittelsenkrechte zeichnen

◆ Wer ist am schlausten? Lehrerinnen/Lehrer, Eltern oder Schülerinnen/Schüler?

Das geschieht

Mit Hilfe der Mathematik wird „bewiesen", dass alle drei Gruppen (Lehrer, Eltern und Schüler) gleich schlau sind!

Ablauf

▶ Schildern Sie die Situation vom letzten Lehrerstammtisch: Es entstand ein Streit darüber, wer wohl schlauer ist: Die Schülerinnen und Schüler, die Eltern oder (natürlich?) die Lehrerinnen und Lehrer.

▶ Sie mischten sich ein und schlugen vor, die Streitfrage mit Hilfe der Mathematik zu klären.

▶ Zeichnen Sie ein großes Dreieck auf ein Blatt Papier bzw. die Tafel (oder verwenden Sie die Kopiervorlage auf der nächsten Seite für eine OH-Folie).

▶ An die drei Ecken schreiben Sie die drei Gruppen.

▶ Lassen Sie von den Schülern jeder Gruppe eine (nicht zu große, aber völlig beliebige) Zahl zuordnen.

▶ Schreiben Sie diese zum jeweiligen Eck (in das Quadrat).

▶ Lassen Sie die jeweils nebeneinander liegenden Zahlen addieren und schreiben Sie die Summe in den Kreis.

▶ Ziehen Sie die Mittelsenkrechten von einem Eck zum Kreis mit der gegenüberliegenden Summe.

▶ Addieren Sie die Eckzahl mit der Zahl im Kreis: Es ist immer das gleiche Ergebnis!

▶ Womit bewiesen wäre: Alle sind gleich schlau!

▶ Gleich nochmal! Es klappt immer!

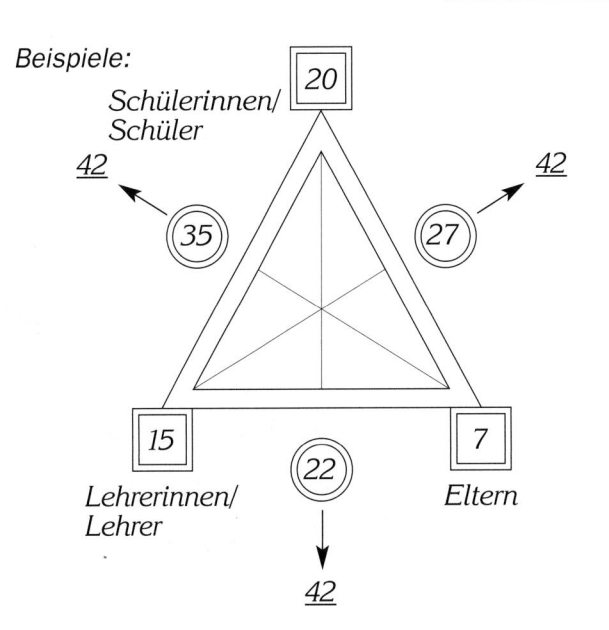

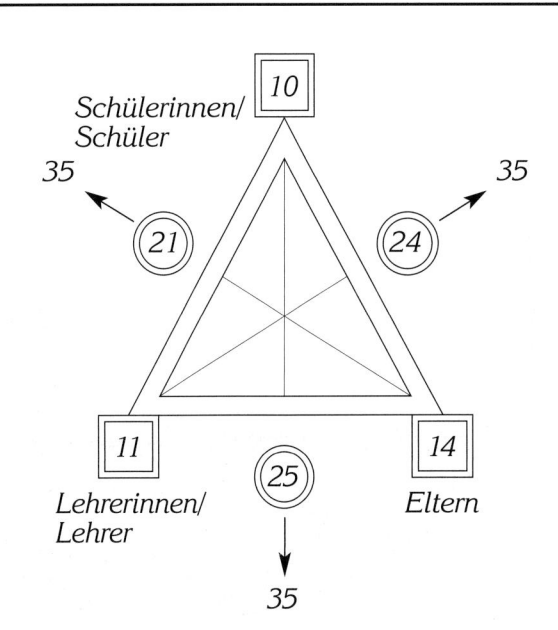

Beispiele:

Dreieck 1: Schülerinnen/Schüler: 20; Lehrerinnen/Lehrer: 15; Eltern: 7; Kreise: 35, 27, 22; Summen: 42, 42, 42

Dreieck 2: Schülerinnen/Schüler: 10; Lehrerinnen/Lehrer: 11; Eltern: 14; Kreise: 21, 24, 25; Summen: 35, 35, 35

Kopiervorlage: Wer ist am schlausten? Lehrerinnen/Lehrer, Eltern oder Schülerinnen/Schüler?

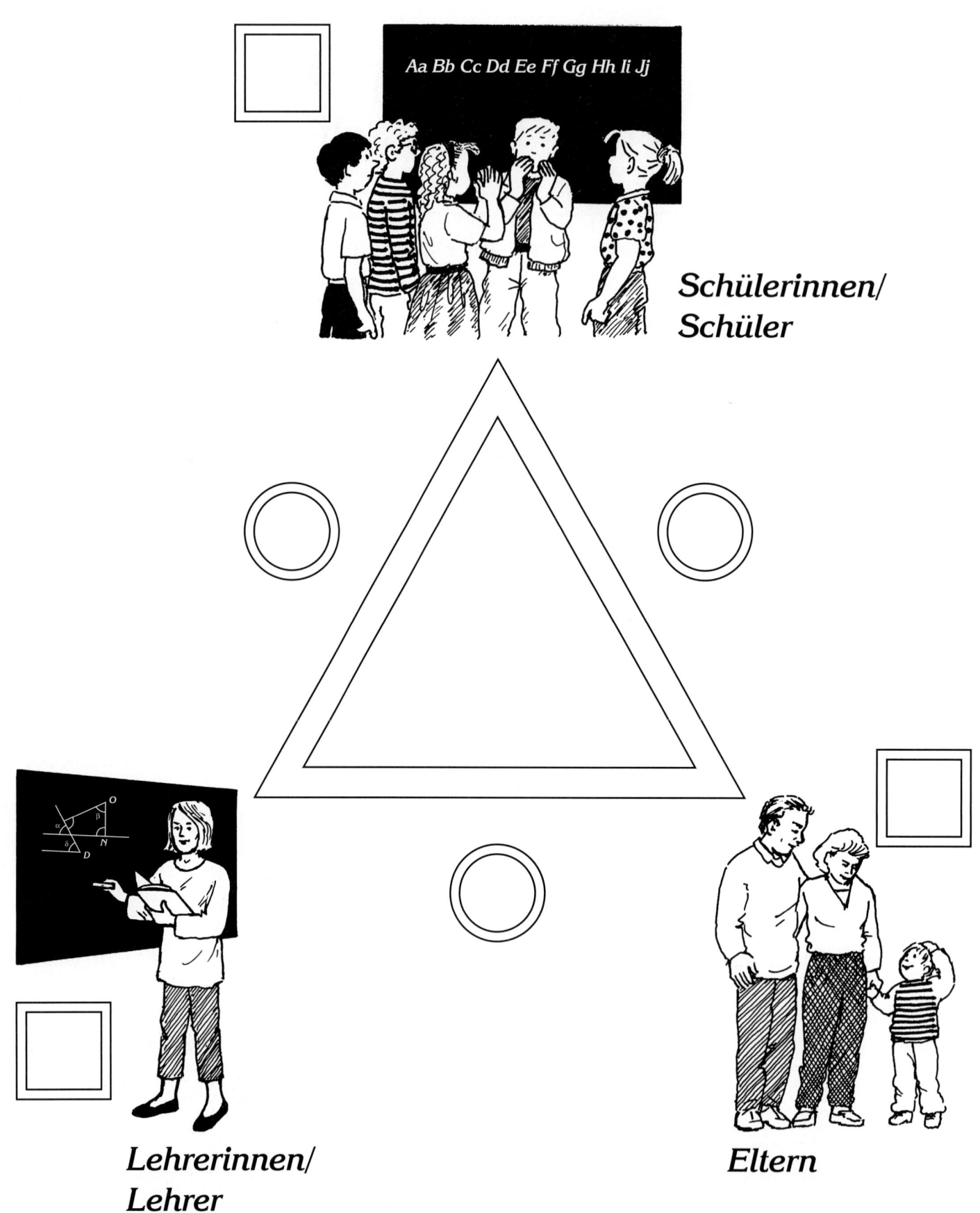

Schülerinnen/ Schüler

Lehrerinnen/ Lehrer

Eltern

Alter/Jahrgangsstufe: Ab 3. Klasse

Mathematischer/schulischer Bezug: „Zauberhafte Mathematik" (Staunen, Rätseln ...); Grundrechenarten; Suchen von Lösungen; Experimentieren; Umgang mit einfachen Termen

Der mathemagische Röntgenblick

Das geschieht

Der Lehrer (oder später auch ein Schüler) kann „mathematisch" durch feste, undurchsichtige Stoffe hindurchschauen, z. B. durch Hände, Geldbeutel, Hosentaschen, Federmäppchen.
Eine (zunächst) unbekannte Anzahl von kleinen Gegenständen (Münzen, Bohnen o. ä.) wird nach verschiedenen Rechnungen exakt angegeben.

Ablauf

▶ Lassen Sie einen Schüler eine beliebige Menge kleiner Gegenstände in die Hand oder in die Tasche nehmen. Er muss wissen, wie viele es sind, soll es aber nicht laut sagen.

▶ Gut geeignet ist auch die Frage (zumindest bei Erwachsenen): „Wie viele Münzen hast du im Geldbeutel?"

▶ Nun soll er – ausgehend von der Anzahl – verschiedene Rechnungen durchführen. Die Zwischenergebnisse kann er aufschreiben, aber nicht laut sagen:

a) Zähle die Bohnen
b) Verdopple die Zahl
c) Addiere 3
d) Multipliziere mit 5
e) Subtrahiere 6
f) Nenne das Ergebnis
g) Ich weiß jetzt: Du hast ... Bohnen in der Hand!

Beispiel siehe links!

Beispiel Ablauf:

a) der Schüler hat 12 Bohnen in der Hand;
b) 12 mal 2 = 24
c) 24 + 3 = 27
d) 27 mal 5 = 135
e) 135 – 6 = 129
f) 129
g) Du hast 12 Bohnen in der Hand

Woher Sie das wissen?
Sie streichen einfach vom genannten Ergebnis die Einerstelle!
Das ist alles!
Warum?

Lösung

Algebraisch sieht die Sache so aus:

a) x (= Anzahl der Bohnen)
b) $2x$
c) $2x + 3$
d) $5(2x + 3) = 10x + 15$
e) $10x + 15 - 6 = 10x + 9$

für $x = 12$ bedeutet das also: $120 + 9 = 129$

Weiterführung:
Wenn Sie dies ausbauen wollen, können Sie die Schüler allein oder mit Ihnen andere Möglichkeiten suchen lassen.

Beispiel siehe links!

Beispiel Lösung:

a) x
b) plus 3 $x + 3$
c) mal 3 $3x + 9$
d) minus 3 $3x + 6$
e) geteilt durch 3 $\dfrac{3x + 6}{3} = x + 2$
f) minus x $x + 2 - x = 2$

(2 ist immer das Ergebnis!)

Alter/Jahrgangsstufe: Ab 7. Klasse

Mathematischer/schulischer Bezug: Gleichungen; Suchen von Fehlern; Regeln einhalten, Regelbrüche finden

◆ 1 = 2 !

Ablauf

Wenn sich Ihnen jetzt der Magen umdreht wegen der Überschrift – ich habe beinahe Verständnis dafür!
Die folgenden „Gleichungen" enthalten irgendwo irgendwelche Fehler, die aber selbst Erwachsene (sogar Lehrer!) oft nicht finden.
Man kann damit in der Tat „beweisen", dass 4 = 5 ist oder ähnlichen Unsinn.

Bei der Vorführung ist zu beachten, dass die jeweiligen Gleichungen zügig aufgeschrieben und mit fester, selbstbewusster Stimme vorgelesen werden. Vor allem bei den jeweiligen Veränderungen hat es sich bewährt, suggestiv zu fragen: „Das darf man doch?" und eifrig mit dem Kopf zu nicken.

Beispiel 1:
$6x + 25 = 10x + 15$
minus 25 und minus 15
$6x - 15 = 10x - 25$
3 bzw. 5 ausklammern
$3(2x - 5) = 5(2x - 5)$
dividiert durch die Klammer
$3 = 5$!!!???

Beispiel 2:
$x = 1{,}5y$
mal 4
$4x = 6y$
Umschreibung
$14x - 10x = 21y - 15y$
Gliedertausch
$14x - 21y = 10x - 15y$
Ausklammerung
$7(2x - 3y) = 5(2x - 3y)$
Division durch die Klammer
$7 = 5$!!!???

Beispiel 3:
$x = y$
mit y multiplizieren
$xy = x^2$
y^2 subtrahieren
$xy - y^2 = x^2 - y^2$
in die Faktoren zerlegen
$y(x - y) = (x + y)(x - y)$
durch $(x - y)$ dividieren
$y = x + y$
da $x = y$ ist: y ersetzen durch x
$x = x + x$ bzw. $x = 2x$
dividieren durch x
$1 = 2$!!!???

Beispiel 4:
Wenn gilt: $x = 1$, dann ist richtig:
$x^2 - x = x^2 - 1$
Ausklammerung/Umformung
$x(x - 1) = (x + 1)(x - 1)$
Division durch $(x - 1)$
$x = x + 1$
da $x = 1$
$1 = 2$!!!???

Alter/Jahrgangsstufe: Ab 3. Klasse

Mathematischer/schulischer Bezug: Addition im Zahlraum bis 1000; Erkennen von Gesetzmäßigkeiten; „zauberhafte Mathematik"

◆ Heute ist Zahltag!

Das geschieht

Der Lehrer kann mit *vorab* ausgefüllten (!) Schecks jeden gewünschten Betrag im Bereich bis 1 000 auszahlen!

Ablauf

▸ Zeigen Sie das gemischte Bündel der zehn Schecks vor (auf Papier bzw. OH-Folie).

▸ Kündigen Sie an, mit den bereits vorab ausgefüllten Schecks jeden gewünschten Betrag zwischen 1 und 1 000 (Euro oder Franken, Dollar oder Pfund) legen zu können.

▸ Sollte Ihnen das nicht gelingen, würden Sie den entsprechenden Betrag sofort wirklich auszahlen! Wenn das nicht mal eine gelungene Motivation für die Schüler darstellt!

▸ Lassen Sie einen Betrag nennen und legen Sie ihn mit den entsprechenden Schecks vor die Zuschauer. Laut rechnen (überprüfen) sollten natürlich nicht Sie selbst!

▸ Auch wenn Sie es für unwahrscheinlich halten: Es geht tatsächlich.

Beispiele:
Gewünschte Zahl: 333
Schecks mit 256 + 64 + 8 + 4 + 1 = 333

Gewünschte Zahl: 493
Schecks mit 489 + 4 = 493

Gewünschte Zahl: 849
Schecks mit 489 + 256 + 64 + 32 + 8 = 849

Lösung

Wenn Sie die Scheckbeträge betrachten, fällt Ihnen das System auf:

Alle zusammen ergeben 1 000.
(siehe links!)

Einzeln:

	1
	2
	4
	8
	16
	32
	64
	128
	256
(Summe:	511)
Der Rest auf 1000 ergibt die letzte Zahl:	489

Kopiervorlage: Heute ist Zahltag!

Magische Bank

Zahlen Sie gegen diesen Scheck aus meinem/unserem Guthaben

zweiunddreißig —

Euro in Buchstaben — wie nebenstehend

Währung | Betrag
€ | — 32,—

oder Überbringer

Ausstellungsort

Datum

Unterschrift des Ausstellers

an

Denjenigen, der mir einen Betrag bis € 1000,– nennt, den ich nicht mit zehn vorbereiteten Schecks auszahlen kann.

Scheck-Nr. | x | Konto-Nr. | x | Betrag | x | Bankleitzahl | x | Text

---

Magische Bank

vierundsechzig —

€ | — 64,—

Magische Bank

einhundertachtundzwanzig

€ | — 128,—

Magische Bank

zweihundertsechsundfünfzig

€ | — 256,—

Magische Bank

vierhundertneunundachtzig

€ | — 489,—

Kopiervorlage: Heute ist Zahltag! (Teil 2)

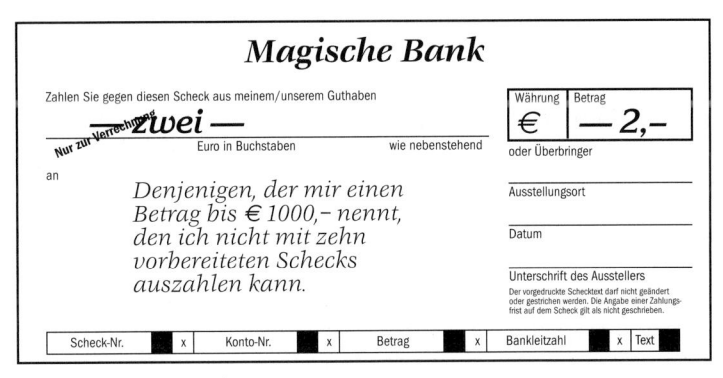

Alter/Jahrgangsstufe: Ab 4. Klasse

Mathematischer/schulischer Bezug: Schriftliche Division; bewegliches Denken (vor allem Reversibilität); Suchen von Lösungsstrategien

◆ Testaufgaben für angehende Zaubermeister

Das geschieht

Nach dem dramatischen, spannenden Erzählen von einem Zauberertreff im Zauberwald werden zwei Aufgaben aus dem Bereich der schriftlichen Division vorgestellt (über den OH-Projektor oder ein Arbeitsblatt). Diese Aufgaben von der Kopiervorlage sind unvollständig und enthalten an einigen Stellen anstatt der Ziffern Bilder von Zauberern.
Die Schüler sollen in die Rolle von Zauberlehrlingen schlüpfen, die die Aufgaben so vervollständigen sollen, dass sie zum Schluss richtig sind.

Ablauf

Bitte blättern Sie kurz zu der Zeitungsmeldung, die im Vorwort abgedruckt ist.
Auch bei Fertigkeitsübungen ist das bewegliche Denken immer mit zu schulen. Stumpfsinniges, mechanisches Rechnen ist zu vermeiden, was nicht gegen eine Geläufigkeit in Bezug auf die schriftlichen Normverfahren der Grundrechenarten spricht.
Wenn das Ganze dann noch in eine lustige Geschichte eingebettet ist, ist das auch nicht unanständig und hat nicht das Geringste mit einer „Heia – Poppeia – Spaßschule" zu tun (oder wie andere törichte Ausdrücke lauten, die nur zeigen, dass Derjenige offensichtlich nie im Leben Spaß am Lernen hatte und nichts von Kindern versteht – dieser persönliche Satz sei mir gegönnt!).

Ablauf wie links angegeben. Bitte unterschätzen Sie diese Aufgaben nicht – sie haben es in sich!
Differenzierende Maßnahmen sind meist nötig (evtl. auch Partnerarbeit).

Lösung

Lösung der ersten Aufgabe:

$$4638 : 28 = 156$$
$$\underline{28}$$
$$156$$
$$\underline{140}$$
$$168$$
$$\underline{168}$$
$$0$$

Für die zweite Aufgabe auf der nächsten Seite die einzelnen Schritte (es sind aber auch andere Gedankengänge möglich!).

◆ Testaufgaben für angehende Zaubermeister
(Fortsetzung)

Ausgangssituation:

xxxx : xx = xxx
<u>86</u>
xxx
  <u>86</u>
  xxx
  <u>387</u>
    0

1. Schritt:

xxxx : xx = xxx
<u>86</u>
xxx
  <u>86</u>
  387 ←
  <u>387</u>
    0

2. Schritt:

xxx7 : xx = xxx
<u>86</u> ↖
xxx
  <u>86</u>
  387
  <u>387</u>
    0

3. Schritt:

xxx7 : xx = xxx
<u>86</u>
124 ←
 <u>86</u>
 387
 <u>387</u>
   0

4. Schritt:

9847 : xx = xxx
<u>86</u> ↖
124
 <u>86</u>
 387
 <u>387</u>
   0

5. Schritt:

9847 : 43 = xxx
<u>86</u> ↑
124
 <u>86</u>
 387
 <u>387</u>
   0

gemeinsamer Teiler von
86 und
387 → **43**

6. Schritt:

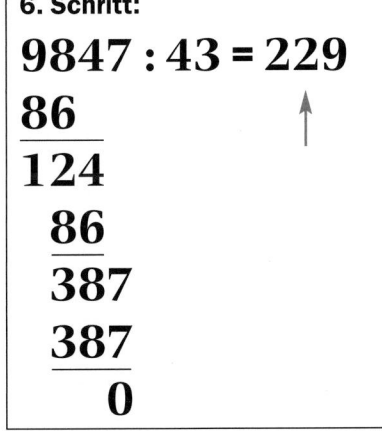

9847 : 43 = 229
<u>86</u> ↑
124
 <u>86</u>
 387
 <u>387</u>
   0

Testaufgaben für angehende Zaubermeister

Kopiervorlage: Testaufgaben für angehende Zaubermeister

Wenn ein neuer Zauberer aufgenommen werden soll in die Gemeinschaft der Zaubermeister, versammeln sich alle bei Vollmond auf einer Lichtung im Zauberwald. Alle Zaubermeister stellen sich auf wie bei einer Divisionsaufgabe (Geteilt-Aufgabe). Der Zauberlehrling klettert auf den höchsten Baum und muss von oben herausfinden, wie die Aufgabe vollständig heißt. Schaffst du das auch? Überall dort, wo ein Zauberer steht, gehört eine Zahl hin, so dass später die Aufgabe richtig ist.

Aufgabe 1:

$$4\,3\,6\,8 : 2\,8 = 1\,5\,6$$

$$
\begin{array}{r}
4368 : 28 = 156 \\
\underline{28} \\
156 \\
\underline{140} \\
168 \\
\underline{168} \\
0
\end{array}
$$

Aufgabe 2:

$$9\,8\,4\,7 : 4\,3 = 2\,2\,9$$

$$
\begin{array}{r}
9847 : 43 = 229 \\
\underline{86} \\
124 \\
\underline{86} \\
387 \\
\underline{387} \\
0
\end{array}
$$

Alter/Jahrgangsstufe: Ab 1. Klasse

Mathematischer/schulischer Bezug: Zahlengedächtnis; Unterhaltung
(die Vorführung beeindruckt alle Altersgruppen)

◆ Das Elefantengedächtnis

Das geschieht

- Der Vorführende schreibt an die Tafel (oder auf einen Zettel) eine sehr sehr sehr lange Zahl (jedenfalls über 30 Ziffern).
- Nachdem er sich umgedreht hat, kann er diese ganz genau wiederholen! Dies sogar mehrmals.

Ablauf

Wie oft hört man: „Ich kann mir einfach keine Zahlen merken!"
In Fernsehsendungen wie „Wetten dass ..." treten Kandidaten auf, die schier Unmögliches im Kopf berechnen, auswendig hersagen.
Meist schüttelt man ungläubig den Kopf ob der Fähigkeiten des menschlichen Gehirns und der Ausdauer beim Erlernen derartiger Fertigkeiten.
Mal ehrlich: Können Sie eine über 60stellige Zahl auswendig hersagen?
Ich kann es – in fünf Minuten auch Sie!

Lösung

Steinigen Sie mich nicht!

Meine 63stellige Zahl, die ich jederzeit reproduzieren kann, besteht aus (aneinandergereiht, jede Ziffer einzeln gesprochen):

Kontonummer/Bankleitzahl/Postleitzahl/Vorwahl/Telefonnummer/Hausnummer/für meine Person: Geburtsdatum/Körpergröße/Schuhgröße; für meine Frau: Geburtsdatum/Körpergröße/Schuhgröße; für meine drei Kinder ...

Da kommt einiges zusammen!
Machen Sie für sich selbst eine Aufstellung von Zahlen, die Sie jederzeit auswendig wissen. Auch die Geheimzahl Ihrer Scheckkarte können Sie mit einbauen, die Autonummer, die Kleidergröße usw.

Wichtig ist nur, dass Sie sich die *Reihenfolge* merken.
Am besten ist es, Sie beginnen bei sich selbst in der Bedeutung, die Sie den Zahlen beimessen.

Bei Kindern/Jugendlichen können andere Zahlen vorrangige Bedeutung haben. Es genügt ja, wenn ein Grundschüler eine 15–20stellige Zahl reproduzieren kann.

Ziel ist also zunächst die Mathematisierung der Umwelt der Schüler: Wo kommen Zahlen vor, die du eigentlich dauernd brauchst und deshalb schon auswendig kennst? Z.B.: Telefonnummer von dir/von deinen Freunden/Verwandten; Postleitzahl des Ortes; Hausnummer; Zahl der Geschwister; eigenes Geburtsdatum; Geburtstag Vater, Mutter, Geschwister, Opa, Oma ...; andere Tage im Jahr; ...
Die Darbietung lebt vom schauspielerischen Talent: Stockend aufsagen, langsam, mit Mühe, Anstrengung, Pausen machen, scheinbar einen Fehler machen, gleich korrigieren ...

Alter/Jahrgangsstufe: Ab 3. Klasse

Mathematischer/schulischer Bezug: Schriftliche Subtraktion; Quersumme; „zauberhafte Rechnungen"; Unterhaltung (z. B. beim Elternabend); Erarbeiten der mathematischen Gesetzmäßigkeit (höhere Klassen)

◆ Ein Strich durch die Rechnung

Das geschieht

Ein Schüler schreibt eine beliebige Zahlenfolge an die Tafel oder auf ein Papier. Er führt eine einfache Rechnung aus und streicht vom Ergebnis eine beliebige Zahl. Diese kann vom „Zauberer" herausgefunden werden (obwohl er sich die ganze Zeit abgewendet hat).

Ablauf

Zwei Methoden, die auf den ersten Blick verschieden aussehen.

Variante 1:
Der Vorführende dreht sich um, sodass er keine Sicht zur Tafel hat.
Ein Schüler schreibt eine vierstellige Zahl an.
Diese setzt er – um eine Stelle nach rechts verschoben – nochmals darunter.
Beide Zahlen subtrahieren lassen (oben eine Null ergänzen).
Von der Differenz eine beliebige Zahl wegstreichen.
Die so entstandene vierstellige Zahl langsam laut sagen.
Der „Zauberer" gibt daraufhin bekannt, welche Ziffer gestrichen wurde.

Variante 2:
▶ Der Vorführende dreht sich um, sodass er die gewählte Zahl nicht sehen kann.
▶ Anschreiben einer mindestens fünfstelligen Zahl;
▶ Davon die Quersumme bilden;
▶ Diese von der ursprünglichen Zahl subtrahieren.
▶ Von der Differenz eine Zahl streichen (keine Null!);
▶ Die übriggebliebenen Zahlen (auch durcheinander) langsam nennen.
▶ Der Vorführende gibt die gestrichene Zahl bekannt.

Beispiel Variante 1:
Gewählte Zahl: 4 892
Darunter: 4 892
Differenz: 44 028
Gestrichen wird z. B.: 2
Sagt an: 4 408 (oder: 8 044 …)
Sie rechnen: Quersumme = 16
Nächsthöheres Vielfaches
von 9 = 18
Differenz 18 – 16 = 2
(= gestrichene Zahl)

Beispiel Variante 2:
Gewählte Zahl: 1 389 767
Quersumme davon: 41
Subtraktion:
1 389 767 – 41 = 1 389 726
Gestrichen wird z. B. die 7
Genannt wird: 138 926
(oder 826 913 usw.)
Sie bilden die Quersumme: 29
Nächsthöheres Vielfaches
von 9 = 36
Subtraktion: 36 – 29 = 7
(= gestrichene Zahl)

Lösung

Variante 1: Bilden Sie von der genannten vierstelligen Zahl die Quersumme und anschließend die Differenz zum nächsthöheren Vielfachen von 9. Dies ist die gestrichene Zahl!

Beispiel siehe links!

Variante 2: Vorgehen wie oben:
Quersumme der genannten Zahlen bilden, vom nächsthöheren Vielfachen von 9 subtrahieren.

Beispiel siehe links!

(Wie das geht? Wird von einer Zahl ihre Quersumme subtrahiert, so ist das Ergebnis immer eine 9 oder ein Vielfaches von 9!)

Alter/Jahrgangsstufe: Ab 3. Klasse

Mathematischer/schulischer Bezug: Große Zahlenräume; Vorstellungsvermögen großer Zahlen; Spaß/Scherz (ist ja auch nicht verkehrt, wenn ab und zu gelacht wird in der Schule!)

◆ Kannst du richtig zählen?

Das geschieht

Der Vorführende nennt Zahlen verschiedener Größen. Ein Schüler (oder auch ein Erwachsener!) soll – ist ja „babyleicht"! – nur immer eine Zahl weiter nennen.
Dies gelingt zum Schluss überraschend nicht!

Ablauf

Kannst du richtig zählen? Keine Frage – selbstverständlich! Oder doch nicht?

Der Lehrer nennt die nebenstehenden Zahlen.
Ein Schüler soll schnell die nächstfolgende Einerzahl nennen.

Lösung

In fast allen Fällen gelingt die Überrumpelung!
So gut wie jeder (auch Erwachsene!) sagen zum Schluss nach 3 099 spontan 4 000 – und merken erst nach dem Lachen des Vorführenden, dass die richtige Antwort eigentlich 3 100 gewesen wäre.

Ich nenne dir eine Zahl. Zähle sofort eins dazu und nenne die nächste Zahl:

Zwölf
Dreizehn

Einhundertfünfundzwanzig
Einhundertsechsundzwanzig

Zweitausendeinhundertachtzehn
Zweitausendeinhundertneunzehn

Dreitausendsiebenundneunzig
Dreitausendachtundneunzig

Dreitausendneunundneunzig
Viertausend!

in Zahlen:

12

125

2 118

3 097

3 099

Alter/Jahrgangsstufe: Ab 2. Klasse

Mathematischer/schulischer Bezug: Logische Trugschlüsse erkennen, verbalisieren und veranschaulichen; genaue Beobachtungs- und Kombinationsgabe; „ums Eck denken"; Spaß/Freude/Humor an lustiger Mathematik

◆ Es darf gedacht und gelacht werden!

Ablauf

Beim Vorführen von Zauberkunststücken sollen die Zuschauer staunen, sich wundern und überrascht sein. Es soll aber auch gelacht werden dürfen. Diesem Zweck dienen zahlreiche Zauberscherze, die vor allem durch den Wortwitz, durch das „Wörtlich – nehmen" von Behauptungen oft ein befreiendes Gelächter erzeugen. Vor allem dann, wenn vorher die Spannung dramatisch gesteigert wurde.

Kinder lieben derartige Zwischenspiele und probieren sie natürlich sofort daheim bei ihren Eltern und anderen Erwachsenen aus.

Ein gutes Geschäft! (?)

Zeigen Sie eine Streichholzschachtel, öffnen Sie sie und bitten Sie einen Zuschauer, 10 Cent hineinzulegen (beim Elternabend: 1 Euro o. Ä.).

- ▶ Sie legen ebenfalls 10 Cent dazu und schließen die Schachtel wieder. Fragen Sie einen anderen Zuschauer, ob er die Schachtel mit den Geldstücken für 15 Cent kaufen würde. Dies wird sicher bejaht, da es sich ja um ein gutes Geschäft handelt.

- ▶ Fragen Sie nunmehr den ersten Zuschauer (also den, der die Münze hergegeben hat), ob er dieses Geschäft machen will (die Schachtel für 15 Cent kaufen will). Dies wird meist spontan zugesagt!

- ▶ Der Witz dabei? Denken Sie mal darüber nach, was er da gekauft hat!

Chinesische Zahlen (?)

- ▶ Sie brauchen dazu sieben Streichhölzer, Trinkhalme, Stifte, Zahnstocher o. Ä.

- ▶ Sie legen die Hölzer auf dem Tisch zu willkürlichen Gebilden und fragen die Schüler, ob Sie die chinesische Zahl erkennen (zwischen 1 und 10).

- ▶ Zwei oder drei der Schüler können tatsächlich angeben, um welche Zahl es sich handelt.

- ▶ Diesen Vorgang wiederholen Sie oft und oft. Manchmal können die „klugen" Schüler sogar helfend eingreifen und ein Hölzchen umlegen, damit „die Zahl deutlicher erkennbar ist".

- ▶ Wenn man es oft genug macht, wird die Zahl der „Erkennenden" immer größer, zur Verzweiflung der noch „Blinden"!

- ▶ Das Geheimnis: Zwei oder drei eingeweihte Schüler, denen Sie heimlich jeweils mit ihren Fingern die gelegte „Zahl" signalisieren (z. B. mit der an der Tischkante liegenden Hand).

- ▶ Selbstverständlich können die gleichen Zahlen in den verschiedenen „chinesischen Dialekten" verschieden aussehen …

Es darf gedacht und gelacht werden!
(Fortsetzung)

Das Eisbärenspiel
Sitzkreis; vier oder fünf Würfel (z. B. auch die großen Schaumstoffwürfel);

Lehrererzählung: „In meinem letzten Urlaub war ich in Alaska. An einem Tag habe ich einen Rundflug mit einer kleinen Maschine gemacht. Wir flogen ziemlich tief und ich bemerkte im Eis ab und zu runde Löcher. Der Pilot erklärte mir, dass die Eskimos hier nach Robben jagen würden. Dies haben sehr schnell auch die Eisbären herausbekommen. Manchmal saß um das Loch nur einer, manchmal lauerten zwei, drei oder mehr Bären auf Beute. Und manchmal war überhaupt keiner zu sehen. Das konnte man alles an den Würfeln ablesen."

Nun werden die Würfel in der Mitte geworfen und der Lehrer sagt sofort, wie viele Löcher mit wie vielen Eisbären zu sehen waren.

Beispiel:
Die Würfel zeigen 3 – 4 – 1 – 3 – 2.
Die Ansage des Lehrers: „Hier sind drei Löcher mit insgesamt vier Eisbären zu sehen!"
Diesen Satz wirken lassen (die Schüler/Kollegen betrachten kopfschüttelnd die Würfel); nach einiger Zeit die Würfel neu nehmen, wieder würfeln:
Die Würfel zeigen die 1 – 1 – 5 – 6 – 2
Ansage: „Diesmal sind drei Löcher mit ebenfalls vier Eisbären zu sehen!" usw.
Es dauert wahrscheinlich nicht lange, da hat irgend jemand das System erkannt und kann nunmehr selbst angeben, wie viele Löcher mit wie vielen Eisbären vorhanden sind.
Und jetzt geht es eigentlich erst los! Die Verzweiflung greift bei einzelnen immer mehr um sich, wenn wieder mal jemand weiß, wie es geht …

Lösung:
Sie haben es natürlich längst durchschaut – deshalb nur zur Sicherheit: Die Würfelpunkte in der Mitte (bei der 1 – 3 – 5) sind die Löcher, darum herum sitzen die Eisbären (= andere Punkte). Die 2 – 4 – 6 haben keinen Punkt in der Mitte, also ist kein Loch da und deswegen logischerweise auch kein Eisbär, gell?

Willi mag …
Der Effekt ist derselbe wie beim Eisbärenspiel: Irgendwo steckt ein verborgenes System dahinter, welches man erkennen muss. Die Verzweiflung greift auch hier um sich, wenn man einer der wenigen ist, die noch nicht richtig …

Sitzkreis; der Spielleiter fängt an: „Willi mag (es folgt eine Zahl) …!" Der Spieler nebenan macht weiter: „Willi mag (es folgt eine Zahl) …"
Der Spielleiter (und später die Spieler, die schon richtig erkannt haben, worum es geht) bestätigen, ob Willi das mag oder nicht.
Am Anfang wird dies meist verneint, weil ja erst einige Beispiele vorhanden sein müssen, um das System zu erkennen.

Man kann z. B.
- Die Vielfachen der Einmaleinssätze verwenden (Willi mag z. B. die 27 .. die 15 … die 36 … usw.);
- Die geraden/ungeraden Zahlen;
- „Schnapszahlen" (11, 55, 99 …);
- Primzahlen;
- Zahlen bis 100, bei denen die Einerzahl um eins größer ist als die Zehnerzahl;
- Zahlen mit 0 an letzter, vorletzter … Stelle;
- Hunderterzahlen, bei denen die vorletzte Stelle (Zehner) eine 1 ist;
- Additionen, die zusammen genau 100 ergeben (56 + 44, 21 + 79);
- Subtraktionen, die immer 10 ergeben (52 – 42 …)

Lassen Sie (nach Erarbeitung des Prinzips) die Schüler selbst kreativ Möglichkeiten finden, was Willi mag! Natürlich mag Willi auch andere, außermathematische Sachen, z. B. ein bestimmtes Kleidungsstück des rechten/linken Sitznachbarn im Kreis. Oder einen Gegenstand, der mit dem Anfangsbuchstaben des eigenen Vornamens beginnt oder einen Gegenstand, der immer mit dem gleichen Buchstaben anfängt oder der einen doppelten Selbstlaut hat oder …
Der Phantasie sind keine Grenzen gesetzt! Der Verzweiflung auch nicht (Schadenfreude ist ja manchmal erlaubt – außerdem kann es in der nächsten Runde genau umgekehrt sein!)!

Alter/Jahrgangsstufe: Ab 4. Klasse bis (vor allem) Jugendliche und Erwachsene

Mathematischer/schulischer Bezug: Das „Wunder" der Zahlen; zauberhafte Mathematik; Numerologie als okkulte Praktik; Spaß und Freude am Ausprobieren; Staunen über die mathematische Kreativität; Herausfinden der mathematischen Grundlagen (höhere Klassen)

◆ Der absolute Höhepunkt: Das mathematische Liebesorakel

Das geschieht

Ein Zuschauer stellt eine allgemein gehaltene Frage in Bezug auf seine eigene Zukunft, z. B.:

▶ „Werde ich in der nächsten Zeit Glück in der Liebe haben?"

▶ „Was wird mir im nächsten Jahr passieren?" o. Ä.
Die Frage braucht nicht laut genannt oder gar schriftlich fixiert zu werden. Es genügt sie nur zu denken!

Danach schreibt der Fragende eine vierstellige Zahl auf (völlig frei) und zieht vier Zahlentafeln zu Rate. Aufgrund der Mathemagie erhält er – zunächst verschlüsselt, dann dechiffriert – eine so gut wie immer beinahe eintreffende Orakelauskunft!
Alsolut erschlagend!
Dies kann beliebig wiederholt werden – jedesmal mit anderem Ergebnis!

Ablauf

Beim folgenden „Wunder" muss man sich immer wieder vor Augen halten, dass es lange vor dem Computerzeitalter (wahrscheinlich 1941) ausgetüftelt wurde – also nur mit Kopf, Papier und Stift! Heute wirkt so etwas fast unglaublich.

Einführen sollte man mit einer kurzen Schilderung der Funktion von Orakeln z. B. im Altertum (Delphi) und dem Hinweis, dass selbst heute noch viele Menschen versuchen, einen Blick in die Zukunft zu tun – mit verschiedenen Techniken. Vom Kaffeesatz über die Astrologie bis hin zum Pendeln und der Magie der Zahlen – immer wird eine geheimnisvolle Kraft angenommen, die prophetisch Auskunft gibt. Warum, weshalb und wie auch immer.

Eine wichtige Eigenschaft der erhaltenen Orakelsprüche ist die vieldeutige Auskunft, die man auf möglichst allgemein gehaltene Fragen erhält.
Dies gilt auch hier! Die eigentliche Kunst ist die der Interpretation.
Klassisch ist die Antwort, die König Kroisos von der Pythia erhielt, als er fragte, ob er Krieg gegen die Perser führen sollte:
„Du wirst ein großes Reich zerstören!"
Dies stimmte ja dann auch. Nur war es nicht das Perserreich unter Kyros II., sondern sein eigenes.
(Literaturhinweis: Hund, Wolfgang: „Okkultismus: Materialien zur kritischen Auseinandersetzung", Mülheim a. d. Ruhr, 1996)

▶ Lassen Sie die Frage stellen/denken.

▶ Nun wird eine vierstellige Zahl notiert, die keine Null haben darf.

▶ Möglich ist auch, mit vier Zahlenwürfeln (1 – 9, im Lehrmittelhandel erhältlich) zu würfeln (dann kommt noch mehr das „Schicksal" ins Spiel).

▶ Jetzt nehmen Sie die erste Zahlentafel zur Hand: Zählen Sie in der ersten senkrechten Spalte so lange abwärts, wie die erste Ziffer (Tausender) der gewählten Zahl angibt. Ist es z. B. eine 3, dann notieren Sie sich als dritte Zahl die 5.

▶ Nun zählen Sie weiter, bei der nächsten Zahl dieser Reihe beginnend, immer um 9 weiter. Notieren Sie sich auch diese Zahl (hier: 9). Wieder um 9 weiterzählen – in die zweite Spalte wechseln – die 14 (notieren) usw.; solange weiterzählen, bis Sie auf eine 0 treffen. Diese notieren Sie nicht mehr.

▶ Genauso verfahren Sie mit den anderen Zahlen (Hunderter, Zehner, Einer) und den dazugehörigen Tafeln 2, 3 und 4: Anfang jeweils bestimmt durch die frei gewählte Zahl, dann immer weiter 9 abzählen, bis eine 0 auftaucht (überspringen kann man die Null allerdings schon).

Der absolute Höhepunkt:
Das mathematische Liebesorakel (Fortsetzung)

Ein Beispiel:
Für die 3 748 erhalten Sie Zahlenreihen:

Tafel 1:
5-9-14-7-12-21-5-8-5-14-4-5-19

Tafel 2:
14-9-3-8-20-19-23-9-18-4

Tafel 3:
4-5-9-14-2-12-21-20

Tafel 4:
26-21-6-1-12-12-2-18-9-14-7-5-14

Das ist die Botschaft!
Sie verstehen Sie nicht? Die Auskunft ist nicht nur vieldeutig, sondern überhaupt nicht verständlich?
Allerdings – es fehlt ja noch die Entschlüsselung!

Die „magisch erhaltenen" Zahlen werden jetzt einfach nach dem ABC dechiffriert:

A = 1	J = 10	S = 19
B = 2	K = 11	T = 20
C = 3	L = 12	U = 21
D = 4	M = 13	V = 22
E = 5	N = 14	W = 23
F = 6	O = 15	X = 24
G = 7	P = 16	Y = 25
H = 8	Q = 17	Z = 26
I = 9	R = 18	

Schreiben Sie also über die einzelnen Zahlen die jeweiligen Buchstaben und Sie erhalten die verblüffende Botschaft:

E-I-N-G-L-U-E-H-E-N-D-E-S

N-I-C-H-T-S-W-I-R-D

D-E-I-N-B-L-U-T

Z-U-F-A-L-L-B-R-I-N-G-E-N

Das gibt mir (beim Schreiben dieses Buches) doch sehr zu denken – noch mehr allerdings meiner Frau!

Lösung

Es gibt über 6000 verschiedene Antworten (9 hoch 4)!
Wenn man schnell arbeiten würde (5 Minuten pro Durchlauf), bräuchte man über 200 Tage ununterbrochen dazu, Tag und Nacht!

Vielleicht hilft Ihnen diese Tabelle beim Nachdenken:

EINBLONDES
DERLIEBE
EINGLUEHENDES
DASSUESSESTE
EINDUNKLES
DASGROSSE
BEZAUBERNDES
EINERREGENDES
EINHOLDES

ETWASWIRD
SCHICKSALWIRD
FEUERWIRD
GIFTWIRD
VERHAENGNISWIRD
WUNDERWIRD
NICHTSWIRD
ABENTEUERWIRD
TRAUMBILDWIRD

DEINHERZ
DICH
DEININNERSTES
DEINBLUT
DEINGEWISSEN
DICH
DEINESINNE
DICH
DEINESEELE

BEGLUECKEN
HEIMSUCHEN
AUFWUEHLEN
BERAUSCHEN
EINSCHLAEFERN
STAUNENMACHEN
BETOEREN
ZUFALLBRINGEN
BERUECKEN

Kopiervorlage: Das mathematische Liebesorakel

1

5	14	21	5	19	16	3
4	19	18	5	19	5	18
5	14	21	4	7	5	6
4	19	18	4	14	0	13
5	26	15	5	19	4	0
4	14	15	8	19	19	21
2	14	5	19	0	5	17
5	2	21	12	4	20	5
5	12	5	19	14	8	4
9	7	14	18	0	25	5
5	19	15	7	0	19	11
9	4	2	5	13	0	22
1	7	18	5	4	12	0
9	1	12	0	20	1	16
1	5	14	5	0	0	5
5	8	2	5	24	19	0
9	12	5	5	5	12	15
9	9	19	5	4	6	4
14	12	11	14	11	24	6
18	21	19	5	23	0	2

2

5	21	1	23	4	18	1
19	6	5	21	0	3	18
6	18	20	9	23	19	7
7	14	20	18	0	23	26
22	3	13	1	15	2	0
23	5	23	18	9	1	0
14	1	11	4	4	18	5
1	1	23	7	4	18	11
20	9	9	9	23	0	4
20	5	5	9	23	4	7
3	20	18	5	4	25	4
5	8	19	12	9	6	0
9	4	5	4	11	9	10
5	8	2	12	17	22	23
21	14	9	4	19	7	9
9	21	19	0	0	4	1
2	19	9	14	0	4	18
18	3	18	18	9	15	13
23	18	14	18	9	0	13
8	23	23	18	15	22	0

3

4	9	7	9	12	21	21
4	9	0	17	5	5	18
4	9	5	5	20	2	21
4	3	0	26	19	14	24
4	9	5	13	20	0	15
4	3	5	5	19	8	2
4	9	23	20	13	13	26
4	14	14	9	5	18	3
4	8	12	17	19	6	14
5	14	5	14	5	11	5
9	14	8	11	6	19	24
5	14	19	5	14	8	7
5	8	26	0	20	0	3
5	14	19	13	1	5	18
9	8	18	18	5	4	22
5	14	7	0	20	6	6
9	8	14	19	0	4	0
5	0	21	3	3	0	5
9	9	23	14	0	19	8
3	2	4	1	9	0	14

4

2	6	3	5	14	25	23
8	18	14	2	14	16	0
1	14	5	11	14	8	0
2	1	12	11	14	18	4
5	20	5	8	14	5	0
19	6	5	12	6	24	16
2	18	21	8	3	5	22
26	12	5	1	2	9	25
2	13	19	13	14	13	13
5	23	8	14	0	6	11
5	1	5	18	0	18	0
21	19	18	5	0	14	7
5	21	12	5	0	14	11
9	15	3	5	0	14	6
20	1	3	5	5	1	4
5	21	3	5	8	14	0
21	21	8	5	3	7	3
5	19	3	1	7	0	1
7	21	12	0	16	1	1
9	21	14	9	9	4	11

Alter/Jahrgangsstufe: Ab 2. Klasse

Mathematischer/schulischer Bezug: Einfache Additionen; genaues Ausführen von Aufträgen; Herausfinden des mathematischen Hintergrundes

◆ Zauberhafte Würfel

Das geschieht

Ein Schüler würfelt mit drei Würfeln und führt verschiedene Rechenanweisungen durch, ohne dass der Lehrer zusieht. Trotzdem kann hinterher das Rechenergebnis sofort bekanntgegeben werden!

Beispiel:

▶ Erster Wurf mit drei Würfeln:

$$5 + 5 + 3 \quad = 13$$

▶ Der Schüler nimmt den 3er und einen der 5er Würfel, addiert die unten liegenden Punkte dazu:

$$4 + 2 + 13 \quad = 19$$

▶ Zweiter Wurf mit den beiden Würfeln:

$$2 + 2 + 19 \quad = 23$$

▶ Untere Punkte eines Würfels dazu:

$$5 + 23 \quad = 28$$

Dritter Wurf mit einem Würfel:

$$1 + 28 \quad = 29$$

▶ Sie sehen die drei Würfel mit den oberen Punktzahlen

$$1 + 2 + 5 \quad = 8$$

Sie addieren 21 dazu $= \underline{29}$!

Ablauf

Es gibt viele Kunststücke mit normalen Spielwürfeln, die z.B. die nicht allen Kindern bekannte Tatsache ausnutzen, dass die gegenüberliegenden Würfelpunkte immer 7 ergeben. Durchforsten Sie doch mal die Zauberbücher in der Schülerbibliothek!

Folgende Anweisungen werden (in der Ecke, mit dem Gesicht zur Wand stehend) dem würfelnden Schüler gegeben:

1. Würfle mit allen drei Würfeln gleichzeitig und addiere alle Punkte, die oben liegen. Schreibe diese Summe auf den Block.
2. Nimm jetzt zwei der Würfel und addiere zum bisherigen Ergebnis die unten liegenden Punkte dieser Würfel.
3. Würfle nochmals mit diesen beiden Würfeln und zähle die nun oben liegenden Punkte zum bisherigen Ergebnis dazu.
4. Nimm einen der beiden Würfel und zähle seine unten liegenden Punkte dazu.
5. Würfle mit diesem Würfel nochmals und addiere auch seine oberen Punkte.
6. Fertig! Sie drehen sich nun um und geben die Zahl an, die der Schüler auf seinem Block stehen hat!

Lösung

Wenn Sie sich dem Tisch des Schüler nähern, werfen Sie einen Blick auf die noch dort liegenden Würfel, addieren die oberen Punkte und zählen noch 21 dazu. Dann haben Sie die Endsumme erhalten!

Siehe das Beispiel links!
Warum das so ist?
Allgemein ausgedrückt ist das Endergebnis immer:

$$x + 7 + 7 + y + 7 + z = 21 + x + y + z$$

Die drei (Ihnen bis zum Schluss) Unbekannten sehen Sie ja, wenn Sie sich umdrehen. Damit ist wohl alles klar.

Alter/Jahrgangsstufe: Ab 3. Klasse

Mathematischer/schulischer Bezug: Schriftliche Subtraktion; Normalverfahren; Einhalten von Regeln

◆ Die zwingende Kraft der Mathematik

Das geschieht

Der Lehrer zwingt der ganzen Klasse seinen Willen auf: Jeder Schüler wählt eine andere Ausgangszahl und rechnet selbstständig. Trotzdem hat jeder nach einer gewissen Zeit als Ergebnis eine Zahl, die der Lehrer schon vorher verdeckt an die Tafel geschrieben hat (oder in einem verschlossenen Briefumschlag/in einem Luftballon an die Decke des Klassenzimmers gehängt hat)!

Beispiel:

Ausgangszahl 5 741

1. Schritt:
$$\begin{array}{r} 7\,541 \\ -\,1\,457 \\ \hline 6\,084 \end{array}$$

2. Schritt:
$$\begin{array}{r} 8\,640 \\ -\,0\,468 \\ \hline 8\,172 \end{array}$$

3. Schritt:
$$\begin{array}{r} 8\,721 \\ -\,1\,278 \\ \hline 7\,443 \end{array}$$

4. Schritt:
$$\begin{array}{r} 7\,443 \\ -\,3\,447 \\ \hline 3\,996 \end{array}$$

5. Schritt:
$$\begin{array}{r} 9\,963 \\ -\,3\,699 \\ \hline 6\,264 \end{array}$$

6. Schritt:
$$\begin{array}{r} 6\,642 \\ -\,2\,466 \\ \hline 4\,176 \end{array}$$

7. Schritt:
$$\begin{array}{r} 7\,641 \\ -\,1\,467 \\ \hline 6\,174 \end{array}$$

Ablauf

▶ Jeder Schüler schreibt eine beliebige vierstellige Zahl auf.

▶ Nun sollen die Ziffern der Größe nach so geordnet werden, dass
  a) eine Zahl entsteht, die mit der größten Ziffer beginnt und zu den Einern immer kleiner wird und eine,
  b) die mit der kleinsten Ziffer beginnt und zu den Einern immer größer wird.

▶ Jetzt wird die kleinere Zahl von der größeren subtrahiert.

▶ Mit dem erhaltenen Ergebnis wird wieder so verfahren, bis nach spätestens sieben Schritten die Zahl 6 174 erhalten wird.
(Verwendet man nur dreistellige Zahlen, ist es 495, bei zweistelligen Zahlen ist es 9.)

▶ Die Schüler sollen so lange rechnen, bis folgende Bedingungen erreicht werden (Tafelanschrift):
  1. Gesamtquersumme = 18
  2. Quersumme 1. Zahl + 4. Zahl = 10 (1)
  3. Hunderterzahl = 1
  4. Tausenderzahl + Hunderterzahl = soviel wie Zehnerzahl

Lösung

Es kommt bei vierstelligen Zahlen immer zum Gesamtergebnis 6 174!

Das können Sie wie oben angeführt an die zunächst verdeckte Tafel schreiben oder auch „zauberhaft" verschlüsseln: Nehmen Sie vor der Vorführung ein Buch zur Hand, das die Schüler kennen bzw. selbst in der Büchertasche haben (z. B. Lesebuch).
Suchen Sie auf der Seite 61 in der 7. Zeile das 4. Wort heraus und schreiben Sie das an die Tafel! Dann ist der mathematische Hintergrund noch mehr versteckt.

Siehe das Beispiel links!

Alter/Jahrgangsstufe: Ab 2. Klasse

Mathematischer/schulischer Bezug: Denksport; logisches Denken; Erkennen von gedanklichen Fehlern und logischen Täuschungen; genaues Beobachten

◆ Wer kann bis 10 zählen?

Das geschieht

Der Lehrer kann mit drei Gegenständen bis 10 zählen. Kein Schüler kann dies (auf Anhieb) wiederholen!

Ablauf

▶ Verwenden Sie drei Gegenstände, die leicht in der Hand zu halten sind: Geldstücke, Papierkügelchen, Tintenpatronen usw.

▶ Legen Sie die drei Geldstücke auf den Tisch.

▶ Kündigen Sie an, dass Sie bis 10 zählen werden und die Schüler genau aufpassen sollen. Sie sollen es hinterher sofort wiederholen.

▶ Nehmen Sie die erste Münze mit der rechten Hand auf, legen Sie sie in die linke Hand und zählen Sie laut: „**eins**"

▶ Verfahren Sie mit den beiden anderen Münzen ebenso: „**zwei**" und „**drei**"

▶ Jetzt haben Sie drei Münzen in der linken Hand. Nehmen Sie nun mit der rechten Hand wieder eine heraus, legen Sie sie auf den Tisch und zählen Sie weiter: „**vier**"

▶ Genauso mit den nächsten Münzen: „**fünf**" und „**sechs**"

▶ Nun liegen die Münzen wieder auf dem Tisch. Es geht weiter: Wieder eine in die Hand: „**sieben**"; die nächste Münze: „**acht**"

▶ Eine bleibt auf dem Tisch, sie sagen: „Eine bleibt liegen"

▶ Nun zählen Sie die beiden Münzen aus der Hand wieder auf den Tisch: „**neun**" und „**zehn**".

▶ Alle drei Münzen liegen auf dem Tisch und Sie haben bis zehn gezählt.

▶ Ein Schüler soll dies sofort wiederholen. Er kann das nicht!

Lösung

Warum der Schüler das nicht kann? Weil sie ihm die Münzen *in die Hand geben*!

Auch wenn die Schüler noch so gut aufgepasst haben, wird ihnen der Vorgang nicht gelingen, weil dies nur dann funktioniert, wenn die Münzen zu Beginn auf dem Tisch liegen!

Da Sie dem Schüler die Münzen aber in die Hand legen, fängt dieser mit den Münzen in der Hand zu zählen an.

Auch dieses Kunststück kann man mehrmals wiederholen mit dem (beabsichtigten) Risiko, dass ein Schüler den Kniff durchschaut und seinerseits Erfolg hat. Zwinkern Sie ihm zu, damit er (vorläufig) das Geheimnis wahrt. Dies spornt dann die anderen ungemein an.

Probieren Sie das mal im Lehrerzimmer aus!

Alter/Jahrgangsstufe: Ab 1. Klasse

Mathematischer/schulischer Bezug: Denkschulung; Entwickeln von Lösungsstrategien

◆ Wer nimmt das letzte Streichholz?

Das geschieht

Auf dem Tisch oder auf dem OH-Projektor liegen 15 Streichhölzer. Abwechselnd nehmen ein Schüler und der Lehrer 1–3 Streichhölzer weg. Verlierer ist, wer das letzte Hölzchen erhält.
Dies ist – hoffentlich – immer der Schüler!

Ablauf

Wie links geschildert. Über den Projektor kann eine größere Anzahl von Schülern den Vorgang mit verfolgen.

Lösung

Dieses Kunststück ist schon sehr alt, doch begeistert es die Schüler auch heute noch (weil sie es dann anschließend bei vielen Gelegenheiten auch außerhalb der Schule durchführen können).

Der Lehrer (und später der Schüler, wenn das Geheimnis bekannt ist) muss immer versuchen, die Schlüsselzahlen 13 – 9 – 5 zu erreichen.

Am einfachsten ist dies, wenn der Lehrer anfängt, denn dann kann er sofort auf 13 kommen, von da auf 9 und dann auf 5.

Fängt der Schüler an, so kann es passieren, dass die erste Schlüsselzahl von diesem erreicht wird. Es ist aber sehr unwahrscheinlich, dass dies bei allen dreien geschieht. Jedenfalls war dies bei mir noch nie der Fall.

Es dürfen immer nur ein, zwei oder drei Streichhölzer entfernt werden.

Wenn zu oft hintereinander gespielt wird, werden vor allem in höheren Klassen immer mehr Schüler die Schlüsselzahlen erkennen.

Dies ist natürlich ein enormer Motivationsschub für die restlichen und muss nicht vermieden werden.

Beispiel 1:

Der Lehrer fängt an
Zahl der Hölzer: 15
L: nimmt 2 (noch 13; schon gewonnen!)
S: nimmt 1 (noch 12)
L: nimmt 3 (noch 9!)
S: nimmt 3 (noch 6)
L: nimmt 1 (noch 5!)
S: nimmt 2 (noch 3)
L: nimmt 2 (noch 1)
S: nimmt das letzte Hölzchen und hat verloren!

Beispiel 2:

Der Schüler fängt an
Zahl der Hölzer: 15
S: nimmt 3 (noch 12)
L: nimmt 3 (noch 9, wieder gewonnen …)

Alter/Jahrgangsstufe: Ab 3. Klasse

Mathematischer/schulischer Bezug: Addition großer Zahlen; schriftliches Normalverfahren der Addition; Herausfinden des mathematischen Hintergrundes; Formeldarstellung

◆ Der Blitzrechner 3

Das geschieht

Ein Schüler wählt völlig frei zwei einstellige Zahlen und führt damit acht Additionen durch. Der Lehrer kann nach einem Blick sofort die Endsumme aller angeschriebenen Zahlen darunter schreiben. Eine geradezu übermenschlich anmutende Leistung!

Ablauf

▸ Ziehen Sie zehn Linien an der Tafel.

▸ Ein Schüler soll zwei einstellige Zahlen (beliebig) auf die erste und zweite Linie schreiben, z. B. 4
  7

▸ Die Summe dieser beiden Zahlen werden an der dritten Stelle addiert:
  11

▸ Dann wird – bis zum zehnten Strich – immer die neue Zahl mit der darüberstehenden addiert.
  18
  29
  47
  76
  123
  199
  322

Sofort erkennen Sie: Die Summe aller zehn Zahlen ergibt 836!

Lösung

Wenn Sie das wirklich gleich erkannt haben, dann brauchen Sie nicht mehr weiter zu lesen, denn dann sind Sie wirklich ein Rechengenie.

Für alle Leser:
Sie werfen nur einen Blick auf die vierte Zahl von unten (also die 7. Zeile) und multiplizieren diese mit 11. Das ist die Endsumme!
Im Beispiel also: 76 mal 11 = 836
Warum das so ist?

a	Damit wird auf einen Blick klar,
b	dass das Endergebnis
$a + b$	das Elffache der 7. Zeile ist.
$a + 2b$	
$2a + 3b$	Um vom wirklichen mathemati-
$3a + 5b$	schen Hintergrund abzulenken,
$5a + 8b$	wird man natürlich so tun, als
$8a + 13b$	würde man blitzschnell alle
$13a + 21b$	Zahlen von unten nach oben
$21a + 34b$	addieren. Ein Blick zur Decke
$55a + 88b$	und …

Alter/Jahrgangsstufe: Ab 4. Klasse

Mathematischer/schulischer Bezug: Schriftliches Rechnen mit größeren Zahlen (Normalverfahren der Addition und Multiplikation); Herausfinden der mathematischen Hintergründe

◆ Ermitteln des Geburtstages

Das geschieht

Der Lehrer kann das Geburtsdatum einer beliebigen Person herausfinden, ohne dass diese die entsprechenden Zahlen bekanntgibt.

Ablauf

- Ein Schüler schreibt seinen Geburtstag auf einen Block, ohne dass dies der Lehrer sieht.
- Er multipliziert die Zahl seines Geburts**tages** mit 20.
- Zum Ergebnis werden 3 addiert.
- Danach erfolgt eine Multiplikation mit 5.
- Zu diesem Ergebnis wird die Zahl seines Geburts**monats** addiert und das Ergebnis mit 20 multipliziert.
- Wieder werden 3 addiert und dann mit 5 multipliziert.
- Dazu werden abschließend die letzten beiden Ziffern des Geburts**jahres** addiert.
- Das Endergebnis gibt der Schüler bekannt. Es hat kaum Ähnlichkeit mit der gesuchten anfänglichen Zahlenkombination.
- Daraufhin können Sie aber nach kurzer Zeit das vollständige Geburtsdatum bekanntgeben.

Lösung

Sie müssen vom Endergebnis die Zahl 1 515 subtrahieren!

Beispiel:
Der Schüler wurde am 24. Juli 1988 geboren.

Tag:
24 mal 20	= 480
480 + 3	= 483
483 mal 5	= 2 415

Monat:
2 415 + 7	= 2 422
2 422 mal 20	= 48 440
48 440 + 3	= 48 443
48 443 mal 5	= 242 215

Jahr:
242 215 + 88	= 242 303

Der Schüler gibt also das Ergebnis **242 303** bekannt.

Davon subtrahieren Sie 1 515: **242 302 − 1 515 = 240 788**

Das entspricht dem 24.07.1988!

Kopiervorlage: Ermitteln des Geburtstages

Arbeitsblatt in Form eines Rechenplanes

Geburtstag _____ mal 20

Produkt _____ plus 3

Summe _____ mal 5

Produkt _____ plus Monat

Summe _____ mal 20

Produkt _____ plus 3

Summe _____ mal 5

Produkt _____ plus Jahr

Summe _____ minus 1515

▶ **Differenz** _____ = **Geburtsdatum**

Alter/Jahrgangsstufe: Ab 3. Klasse

Mathematischer/schulischer Bezug: Geometrie (Topologie); einseitige Fläche (Möbius-Band); Unterhaltung/Spaß

◆ Das Papierrennen

Das geschieht

Der Lehrer kündigt einen Wettbewerb an, bei dem ein hoher Preis zu gewinnen sei. Die zu erfüllende Aufgabe sei eigentlich ganz leicht: Es ist ein großer Papierring so mit der Schere in der Mitte zu zerschneiden, dass zwei Ringe entstehen.
Das wird vom Lehrer vorgemacht.
Zwei Schüler schneiden um die Wette mit zwei weiteren Ringen. Keiner gewinnt den Preis, weil ...

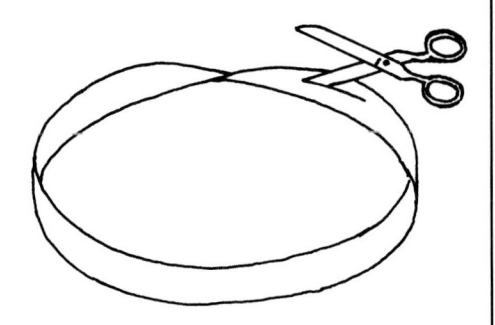

Lösung

Es handelt sich um das berühmte Möbius-Band:
- Der einmal verdrehte Streifen ergibt beim Zerschneiden zwei ineinander hängende Ringe.
- Der zweimal verdrehte Streifen ergibt einen großen Ring.

Hier macht das „Drumherum" den Unterhaltungswert aus! Setzen Sie also Ihr ganzes schauspielerisches Talent ein!

Ablauf

▶ Zur Vorbereitung: Schneiden Sie von einer Additionsmaschinenpapierrolle drei ca. 3 m lange Streifen ab.

▶ Kleben Sie den ersten Streifen normal zu einem Ring zusammen. Kennzeichnen Sie diesen Ring unauffällig, denn das ist Ihrer. Mit ihm führen Sie die zu erledigende Aufgabe vor.

▶ Den zweiten Streifen verdrehen Sie einmal um sich selbst, bevor Sie ihn zusammenkleben.

▶ Den dritten Streifen verdrehen Sie zweimal, bevor Sie ihn zusammenkleben.

▶ Kündigen Sie in Marktschreierart einen großartigen Wettbewerb an: „Das Papierrennen". Zwei Schüler sollen um die Wette schneiden ...

▶ Führen Sie vor, was zu tun ist.

▶ Geben Sie jedem Schüler eine Schere in die Hand und lassen Sie damit in die Mitte des Streifens einstechen. Achten Sie dabei darauf, dass nicht versucht wird, die Ringe zu „entwirren". Hier muss man zügig/hektisch vorgehen.

▶ „Auf die Plätze, fertig los!"

▶ Die übrigen Schüler sollen kräftig anfeuern, sodass entsprechende Stimmung entsteht. Das ist sehr wichtig.

▶ Halten Sie Klebeband oder Klebestift bereit, damit Sie reparieren können, wenn einer im Eifer des Schneidens den Ring zerstört.

▶ Zeigen Sie während des Schneidens immer wieder den Preis vor.

▶ Ist ein Schüler fertig, halten Sie seine Hände fest, sodass er noch nicht zeigen kann, was er als Ergebnis erhalten hat. „Wir müssen erst noch warten, bis dein Gegner fertig geschnitten hat."

▶ Ist auch dies geschehen, küren Sie großsprecherisch die Siegerehrung an: „Du hast ganz toll geschnitten und dir diesen fantastischen Preis redlich verdient! Zeige deine beiden Ringe vor und du erhältst den Preis!"

▶ Dies gelingt nicht, denn der Sieger hat auf keinen Fall zwei Ringe! Warum nicht? *Siehe links!*

▶ „Leider, leider hast du zwar toll geschnitten, aber du solltest zwei Ringe erhalten. Damit geht der Preis an den zweiten Schüler. Zeige du deine beiden Ringe vor!"

▶ Ebenfalls Misserfolg! Der Preis wird also leider nicht vergeben.

Alter/Jahrgangsstufe: Ab 2. Klasse

Mathematischer/schulischer Bezug: Logisches Denken, Nachvollziehen einer verblüffenden Handlung; grafische Notation eines Vorgangs

◆ Haltet die Diebe!

Das geschieht

Der Lehrer führt mit Papierkügelchen eine verblüffende Geschichte von zwei Dieben und fünf Schafen vor.

Ablauf

▶ Auf dem Tisch liegen sieben gleiche Papierkügelchen (Farbe, Größe). Zwei sind Diebe, die anderen fünf Schafe (Kamele ...).

▶ Nacheinander stehlen die Diebe (versteckt unter der Hand) die Schafe, geben sie kurz zurück, stehlen sie wieder.

▶ Zum Schluss allerdings befinden sich unter einer Hand die beiden Diebe, unter der anderen die fünf Schafe! Ohne, dass die Zuschauer mitbekommen haben, wie das geschah!

Lösung

▶ Machen Sie sich fünf gleichaussehende Papierkügelchen (oder nehmen Sie gleiche Münzen).

▶ Zu Beginn legen Sie unter Ihre gewölbte Hand je einen Dieb. Die fünf Schafe sind in der Mitte der beiden Hände auf dem Tisch. Wenn die Diebe ein Schaf stehlen, müssen Sie immer die Hand zurücknehmen.

▶ Also – es geht los:

Beginn:

  🜋   🜋 🜋 🜋 🜋 🜋   🜋
Dieb   Schafe   Dieb

1. Stehlen:

(Darstellung der Kügelchen in mehreren Reihen)

Ende der 1. Aktion! Links sind drei, rechts vier Kügelchen (nicht zeigen!). Die Diebe werden gestört und geben nacheinander langsam wieder die Schafe zurück in die Mitte:

2. Zurückgeben:
So geht es los (Ende der 1. Aktion):

(Darstellung der Kügelchen)

(leer)   🜋 🜋 🜋 🜋 🜋

Ende der 2. Aktion: Unter der rechten Hand befinden sich zwei Kügelchen, die anderen fünf liegen in der Mitte. Die linke Hand ist leer (nicht zeigen!).

Als die Luft wieder rein ist, beginnt erneut das Stehlen.

3. Stehlen:
So geht es los (Ende der 2. Aktion):

(leere Hand)   🜋 🜋 🜋 🜋 🜋   (Darstellung)

Ende! Heben Sie langsam zunächst die linke Hand („Hier sind die beiden Diebe") und dann die rechte („... und hier die fünf Schafe!").

Dieses „Spiel" ist schon sehr alt. Es gibt viele verschiedene Variationen davon. Zum Beispiel können auch die Diebe in Streit kommen, weil zum Schluss einer nur ein Schaf hat, der andere aber vier. Und das, obwohl doch ganz „gerecht" vorgegangen wurde! Oder?

Lassen Sie die Schüler überlegen, ob es auch funktioniert, wenn man für Diebe und Schafe verschiedenfarbiges Papier verwendet.

Alter/Jahrgangsstufe: Ab 2. Klasse

Mathematischer/schulischer Bezug: (Einfache) Additionen; Quersumme; Herausfinden des mathematischen Hintergrundes

◆ Volltreffer!

Das geschieht

Ein Schüler schreibt sechs beliebige Zahlen auf die Seitentafel, addiert je zwei davon, schreibt diese Summe darunter und löscht anschließend alle Zahlen bis auf eine weg. Der Lehrer kann sofort diese Zahl nennen!

Ablauf

Am eindrucksvollsten wirkt dieses Kunststück in der Klasse, wenn die beiden klappbaren Seitentafeln verwendet werden: eine für den Schüler, die andere für den Lehrer. Beide Tafeln stehen senkrecht zum Klassenzimmer geklappt so, dass keiner auf die Tafel des anderen sehen kann.

▶ Die Schüler der Klasse rufen dem Schreiber an der Tafel sechs beliebige einstellige Zahlen zu, die in einer Reihe (mit etwas Zwischenraum) angeschrieben werden. Es funktioniert natürlich auch mit mehrstelligen Zahlen, nur wird es dann bei den Additionen schwerer (auch für Sie!).

▶ In einer zweiten Reihe darunter werden die Summen von zwei nebeneinander liegenden Zahlen notiert. Damit wieder sechs Zahlen vorhanden sind, werden noch die erste und die letzte Zahl addiert.
Beispiel: 4   8   5   9   3   4   12   13   14   12   7   8

▶ Der Schüler wählt nun aus der zweiten Reihe eine Zahl aus und löscht alle anderen wieder. Dabei werden aber diese Zahlen angesagt: „Ich lösche die 13 …" (in beliebiger Reihenfolge)

▶ Ist er damit fertig, schreibt der Lehrer riesengroß auf seine Tafel eine Zahl.

▶ Beide Tafeln werden nach innen zugeklappt, sodass sie nebeneinander zu sehen sind: VOLLTREFFER!

Lösung

▶ Wie so oft: Denkbar einfach!
▶ Sie müssen nur heimlich die Quersumme der ersten Zeile mitrechnen.
▶ Die Quersumme der zweiten Reihe ist doppelt so groß (logisch! Warum?).
▶ Addieren Sie nun mit, wenn die fünf Summen nacheinander gelöscht werden. Der Rest bis zur zweiten Quersummenzahl ist die vom Schüler gewählte Zahl!

Im Beispiel:
▶ Gewählt wird die Zahl 13.
▶ Die erste Quersumme beträgt 33, die der zweiten Reihe also 66.
▶ Der Schüler löscht die 12, die 8, die 7, die 12, die 14. Sie Summe dieser Zahlen ergibt 53. Es bleiben bis 66 also 13.
Das war die gewählte Zahl, die Sie groß auf Ihre Tafelseite schreiben.
Wenn die Schüler Ihnen nun ein Riesengedächtnis zutrauen, weil sie meinen, Sie hätten sich die Zahlen der zweiten Reihe gemerkt, wäre das auch nicht schlecht!
Um diesen Fall aber zu vermeiden, sollte zum Schluss (bevor Sie Ihre Zahl schreiben) „zauberhaftes Drumherum" gemacht werden:
Lassen Sie die gewählte Zahl fünfmal hintereinander deutlich denken und schalten sie einen „Gedankenübertragungsapparat" ein (ein altmodischer Sahneschläger mit Kurbel eignet sich dafür hervorragend, auf den Schüler richten …) usw.

Ausweitung:
Wenn das mathematische „Geheimnis" gelüftet ist, die Schüler das Kunststück eingeübt haben: Lassen Sie in völliger Stille einen Schüler beliebige Zahlen anschreiben, sodass Sie nicht wissen können, welche Zahlen gewählt wurden.
Trotzdem können Sie – diesmal eigentlich unmöglich! – die gewählte Zahl wieder nennen.
Wie? Ein eingeweihter Schüler signalisiert sie Ihnen mit den Fingern unauffällig!

Alter/Jahrgangsstufe: Ab 2. Klasse

Mathematischer/schulischer Bezug: Addition im Zahlenraum bis 30; Motivation für mathematische Zusammenhänge

◆ Gedanken lesen

Das geschieht

Ein Schüler denkt sich eine Zahl zwischen 1 und 31. Der „Zauberer" kann sie schnell herhausfinden!

Ablauf

▶ Zeigen Sie die folgende Zahlenkolonnen vor (z. B. auf OH-Folie: Dann können sich alle Schüler beteiligen). Eine der vorhandenen Zahlen soll gedacht werden.

▶ Jeder sucht die senkrechten Reihen, in denen seine Zahl vorhanden ist und gibt diese mit Nummern an.

▶ Der Lehrer (oder auch ein Schüler) kann sofort angeben, welche Zahl ausgewählt wurde!

Reihe 1	Reihe 2	Reihe 3	Reihe 4	Reihe 5
1	2	4	8	16
3	3	5	9	17
5	6	6	10	18
7	7	7	11	19
9	10	12	12	20
11	11	13	13	21
13	14	14	14	22
15	15	15	15	23
17	18	20	24	24
19	19	21	25	25
21	22	22	26	26
23	23	23	27	27
25	26	28	28	28
27	27	29	29	29
29	30	30	30	30
31	31	31	31	31

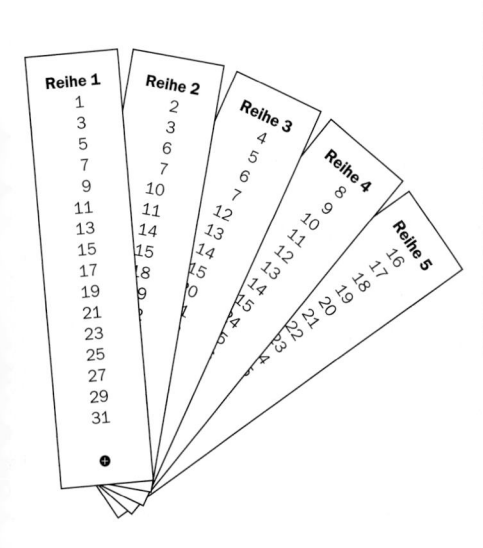

Lösung

Der „Zauberer" braucht nur die ersten Zahlen der entsprechenden Reihen zu addieren – das ist die gesuchte Zahl!

Dieses Kunststück eignet sich gut dazu, von den Schüler selbst angefertigt zu werden, z. B. in Form eines Fächers (unten mit Musterbeutelklammer drehbar gestalten). Geübt wird dann damit immanent die Addition.

Alter/Jahrgangsstufe: Ab 2. Klasse

Mathematischer/schulischer Bezug: Herausfinden des mathematischen Hintergrundes; Verblüffung; Umgang mit dem Taschenrechner

◆ Welche Zahl ist am schwersten?

Das geschieht

Der Lehrer tippt in einen normalen (!) Taschenrechner die Zahlen 12345678 ein. Frage: „Welche Zahl ist am schwersten?" Meist wird – mit Zögern – die 8 genannt. Richtig!
Der Taschenrechner wird waagerecht gehalten: Die Zahlenreihe steht senkrecht, die 1 unten, die 8 oben. Kurz auf die andere Hand getippt – und die 8 ist von oben nach unten „gefallen"!
Die Augen der Zuschauer muss man gesehen haben!

Zur unterrichtlichen Auswertung:
Es müsste für Schüler ab der 4. Jahrgangsstufe möglich sein, den Vorgang rückgängig zu machen, wenn man (dezent und nach einer gewissen Wartezeit!) darauf hinweist, dass der Rechner eine geheime Operation durchgeführt hat. Als zusätzlicher Hinweis kann dann gegeben werden, dass es sich um eine Addition gehandelt hat (die durch die Subtraktion wieder ans Tageslicht kommt). Insgesamt eignet sich dieses Kunststück hervorragend zur Denkschulung in Bezug auf reversible Operationen in Verbindung mit einem inzwischen als alltäglich angesehenen Hilfsmittel. Nehmen Sie Ihren Schülern ein Schweigegelöbnis ab, denn dass dieses „Wunder" anschließend überall vorgeführt wird, ist sicher. „Das haben wir im Matheunterricht von _____ (Ihr Name) gelernt!" (= ein sog. Reputationsmacher für Sie; wundern Sie sich aber nicht, wenn Sie Briefe von verzweifelten Vätern bekommen!)

Ablauf

▶ Wie oben beschrieben: Es werden vor aller Augen die Zahlen 12345678 eingegeben. Das Display des Rechners wird deutlich gezeigt.

▶ Nach der Frage nach dem Gewicht wird der Rechner waagerecht mit der rechten Hand gehalten (s. u.) und kurz auf die linke Hand geklopft.

▶ Bumm – die 8 ist von oben nach unten gefallen! Im Display steht: 81234567

Lösung

▶ Geben Sie vor Beginn heimlich ein: 68888889 + 1 (6, sechsmal die 8 und die 9 plus 1)

▶ Im Display steht nun nur noch die 1, die Sie vorzeigen und sofort danach 2345678 eintippen.

▶ Zeigen Sie diese Zahlenreihe deutlich vor und lassen Sie den Schülern Zeit, sie genau zu betrachten.

▶ Fragen Sie: „Welche Zahl ist am größten? Welche ist wohl am schwersten?" Übergehen Sie dabei verständliche Irritationen ...

▶ Halten Sie nun den Taschenrechner so, dass Ihr rechter Daumen auf der $=$-Taste zu liegen kommt (siehe Abbildung).

▶ Tippen Sie kurz mit dem Gerät auf Ihre linke Handfläche und drücken Sie dabei die Taste.

▶ Zeigen Sie deutlich das Display vor: Die 8 ist an erster Stelle. Sie wundert das doch nicht, oder?

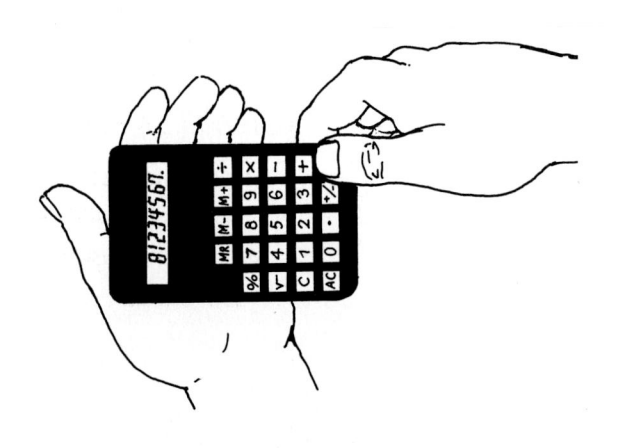

Alter/Jahrgangsstufe: Ab 3. Klasse

Mathematischer/schulischer Bezug: Rechnen mit großen Zahlen (vor allem Addition); Herausfinden des mathematischen Hintergrundes

◆ Geheimnisvolle Lebensdaten

Das geschieht

Ein Schüler schreibt verschiedene Daten seines ganz persönlichen Lebens auf, die niemand wissen kann. Er addiert diese zu einer Summe, die der Lehrer „telepathisch" (oder wie sonst auch immer) herausfindet.

Ablauf

1. Ein Schüler soll sein Geburtsjahr aufschreiben, in Form einer vierstelligen Zahl (also z. B. 1985).

2. Darunter wird in Form einer zweistelligen Zahl der Geburtstag geschrieben, den man in diesem laufenden Jahr feiert oder schon gefeiert hat (also z. B. 14).

3. Darunter wird eine Jahreszahl geschrieben (wieder vierstellig), in dem ein wichtiges Ereignis seines Lebens stattgefunden hat (z. B. Jahr des Schuleintritts 1992).

4. Darunter die Zahl der Jahre, die seit diesem Jahr verstrichen sind (bis 1999 also z. B. 7).

5. Alles wird addiert:

$$1985 + 14 + 1992 + 7 = 3998$$

Diese Zahl wird vom Lehrer vorhergesagt. Es kommt bei allen Schülern die gleiche Summe als Ergebnis!

Lösung

Das vorhergesagte (oder „telepathisch empfangene") Ergebnis ist immer doppelt so groß wie die verdoppelte Jahreszahl des Vorführungsjahres!

1999 ergibt sich also immer 3998
2000 ergibt sich 4000
2001 ergibt sich 4002 usw.

Übersichtlich dargestellt:
Bei den ersten beiden Schritten ergibt sich im obigen Beispiel das laufende Jahr durch Addition des Geburtsjahres mit dem Lebensalter. Dabei ist es egal, ob der Geburtstag schon stattgefunden hat oder nicht!

1985 + 14 = 1999

Die zweite Zahl 1999 ergibt sich durch das Jahr des (natürlich wirklich beliebigen) Ereignisses plus dem seither verstrichenen Zeitraum:

1992 + 7 = 1999

Alter/Jahrgangsstufe: Ab 4. Klasse

Mathematischer/schulischer Bezug: Rechnen mit großen Zahlen (besonders Division); Herausfinden des mathematischen Hintergrundes und Übertragung auf andere Zahlenbereiche

◆ Der Kreis schließt sich wieder

Das geschieht

Ein Schüler wählt völlig frei eine dreistellige Zahl aus und schreibt diese auf einen Block. Die gleiche Zahl wird noch einmal dahintergesetzt, sodass nun eine sechsstellige Zahl entstanden ist.
Drei andere Schüler teilen diese frei gefundene Zahl durch 7, durch 11 und durch 13.
Das Ergebnis ist wieder die ursprüngliche Zahl!

Ablauf

Wie links geschildert.

1. Ein Schüler schreibt z. B. 324 auf den Block.
2. Die gleiche Zahl dahinter: 324 324
3. Der Block wird weitergegeben und 324 324 durch 7 geteilt (= 46 332).
4. Der nächste Schüler teilt durch 11 (= 4 212)
5. Der dritte Schüler teilt durch 13 (= 324)!

Lösung

Der Kreis schließt sich immer, weil die ursprüngliche Zahl mit 1 001 multipliziert wurde!
324 324 = 324 mal 1 000 + 324

Das zum Schluss erhaltene Produkt wurde dann schrittweise zunächst durch 7, dann durch 11 und schließlich durch 13 dividiert, was zum gleichen Ergebnis führt, als wenn man gleich durch 1001 teilen würde.
7 mal 11 mal 13 = 1 001

Übertragung/Ausweitung:
Wie muss man vorgehen, wenn eine zweistellige Zahl als Ausgangspunkt gewählt wird? Welche Möglichkeiten zur Division gibt es dann?

Alter/Jahrgangsstufe: Ab 3. Klasse

Mathematischer/schulischer Bezug: Grundrechenarten; Entwickeln von Lösungsstrategien; Entdecken der Gesetzmäßigkeit; Suchen von Variationsmöglichkeiten

Mathematisches Gedankenlesen

Das geschieht

Ein Schüler denkt sich eine ein- oder zweistellige Zahl. Damit führt er verschiedene einfache Rechenoperationen durch. Der „Mathemagier" kann das Endergebnis „telepathisch empfangen"!

Ablauf

▶ Der Schüler soll sich eine beliebige Zahl denken. Um es einfacher zu machen, zunächst eine ein- oder zweistellige Zahl.

▶ Wenn dies geschehen ist, lassen Sie sich mehrmals bestätigen, dass sie nicht miteinander verabredet sind, dass Sie also auf keinen Fall wissen können, welche Zahl gewählt wurde. Wirklich nicht! Ganz bestimmt nicht!

▶ Der Schüler soll die Zahl verdoppeln.

▶ Die Zahl 12 zum Ergebnis addieren.

▶ Das Ergebnis durch 2 teilen.

▶ Die ursprüngliche Zahl abziehen.

▶ Das Endergebnis ungesehen auf einen Zettel (oder hinter die aufgeklappte Seitentafel) schreiben.

▶ Sie treten nun in „telepathische Verbindung" mit ihrem Helfer (Hand auf den Kopf legen usw.): „Du hast als Endergebnis 6 erhalten!"

▶ Atemlose Stille – Applaus bei der Kontrolle: Es stimmt!

Lösung

▶ Sie haben es sich vielleicht schon gedacht:
Das Ergebnis lautet immer 6!

Beispiel:
1. Gewählt wird 12.
2. Verdoppelt, ergibt 24
3. Addiert 12, ergibt 36
4. Dividiert durch 2, ergibt 18
5. Subtrahiert die ursprüngliche 12, ergibt 6

Allgemein ausgedrückt:
1. x = gewählte Zahl
2. $2x$
3. $2x + 12$
4. $(2x + 12) : 2 = x + 6$
5. $x + 6 - x = 6$

Fortsetzung siehe links!

Zur *Wiederholung* verändern Sie den dritten Punkt, lassen also eine andere Zahl addieren. Das Ergebnis wird dann die Hälfte dieser Zahl sein!
Beispiel:
1. x = gewählte Zahl
2. $2x$
3. $2x + 20$
4. $(2x + 20) : 2 = x + 10$
5. $x + 10 - x = 10$

Zur Variation und zur Überleitung im Hinblick auf die mathematische Auswertung lassen Sie die *ganze* Klasse *gleichzeitig* entsprechend rechnen!
Hat jeder sein Ergebnis notiert, empfangen Sie die Signale aus allen Köpfen und schreiben groß das Ergebnis an die Tafel!
Spätestens jetzt ist die Frage überflüssig: „Wollt ihr wissen, wie das geht?"

Alter/Jahrgangsstufe: Ab 3. Klasse

Mathematischer/schulischer Bezug: Subtraktion von großen Zahlen; Quersumme; Herausfinden des mathematischen Hintergrundes

◆ Die „zauberhafte" Verpackung macht's

Das geschieht

Mehrere verschlossene Briefumschläge liegen auf einem Tisch. Ein Schüler wählt völlig frei eine große Zahl aus und vollführt eine einfache Subtraktion. Danach wird die Quersumme des Ergebnisses gebildet. Der Lehrer „klinkt sich telephatisch in den Kopf des Schülers ein" und wählt unter den Briefumschlägen einen aus. Dieser wird geöffnet: Er enthält das richtige Ergebnis! Die anderen Umschläge werden geöffnet: Lauter andere Zahlen!

Ablauf

▶ Ein Schüler soll eine drei- oder vierstellige Zahl aufschreiben (z. B. 384)

▶ Diese Zahl soll er umdrehen (483).

▶ Die kleinere Zahl soll von der größeren abgezogen werden (483 – 384 = 99).

▶ Von diesem Ergebnis wird die Quersumme gebildet: 9 + 9 = 18

▶ Dieses Ergebnis steht im Umschlag!

Lösung

Die Quersumme lautet immer 18 (bzw. 9, wenn Sie auf eine einstellige Quersumme gehen wollen)!

Es kommt in der Zauberkunst eben auf die „Verpackung" an, auf das „Drumherum", mit dem das eigentliche Geheimnis verschleiert wird!
Füllen Sie beliebig viele Briefumschläge mit (echtem?) Geld, mit Schecks verschiedener Beträge, mit Zetteln. Markieren Sie den Umschlag, der die Zahl 18 (oder 9) enthält unauffällig, indem Sie von einer Ecke etwas wegschneiden (oder einen kleinen Bleistiftpunkt anbringen).
Alles andere ist „Verkauf", d. h. man muss Ihnen die mentale Kraftleistung anmerken. Da Sie hinterher so erschöpft sind, kann dieses „Wunder" natürlich auch nicht wiederholt werden ... (Sie wissen natürlich, warum!).

Und wenn die Schüler dann selbst herumprobieren und in wohl kurzer Zeit hinter das Geheimnis kommen (was wohl geschehen wird)?
Etwas Besseres kann Ihnen als Lehrer ja gar nicht passieren! Es wird in der Schule freiwillig gerechnet, die Mathematik erhält einen Motivationsschub und die Schüler gehen an diesem Tag bestimmt nach Hause: „Mama, heute haben wir etwas für das Leben gelernt! Schreibe hier mal eine vierstellige Zahl auf..."